Ben Stacy Jerrik (Hrsg.)

Bethel (Alaska)

Ben Stacy Jerrik (Hrsg.)

Bethel (Alaska)

Alaska, Bundesstaat der Vereinigten Staaten, Kuskokwim River, Yukon Delta National Wildlife Refuge

Part Press

Imprint
Permission is granted to copy, distribute and/or modify this document under the terms of the GNU Free Documentation License, Version 1.2 or any later version published by the Free Software Foundation; with no Invariant Sections, with the Front-Cover Texts, and with the Back- Cover Texts. A copy of the license is included in the section entitled "GNU Free Documentation License".

All parts of this book are extracted from Wikipedia, the free encyclopedia (www.wikipedia.org).

You can get detailed informations about the authors of this collection of articles at the end of this book. The editors (Ed.) of this book are no authors. They have not modified or extended the original texts.

Pictures published in this book can be under different licences than the GNU Free Documentation License. You can get detailed informations about the authors and licences of pictures at the end of this book.

The content of this book was generated collaboratively by volunteers. Please be advised that nothing found here has necessarily been reviewed by people with the expertise required to provide you with complete, accurate or reliable information. Some information in this book maybe misleading or wrong. The Publisher does not guarantee the validity of the information found here. If you need specific advice (f.e. in fields of medical, legal, financial, or risk management questions) please contact a professional who is licensed or knowledgeable in that area.

Any brand names and product names mentioned in this book are subject to trademark, brand or patent protection and are trademarks or registered trademarks of their respective holders. The use of brand names, product names, common names, trade names, product descriptions etc. even without a particular marking in this works is in no way to be construed to mean that such names may be regarded as unrestricted in respect of trademark and brand protection legislation and could thus be used by anyone.

Cover image: www.ingimage.com
Concerning the licence of the cover image please contact ingimage.

Publisher:
Part Press is a trademark of
International Book Market Service Ltd., 17 Rue Meldrum, Beau Bassin, 1713-01 Mauritius
Email: info@bookmarketservice.com
Website: www.bookmarketservice.com

Published in 2011

Printed in: U.S.A., U.K., Germany. This book was not produced in Mauritius.

ISBN: 978-613-8-78461-6

Contents

Articles

References

Bethel_(Alaska)

Bethel	
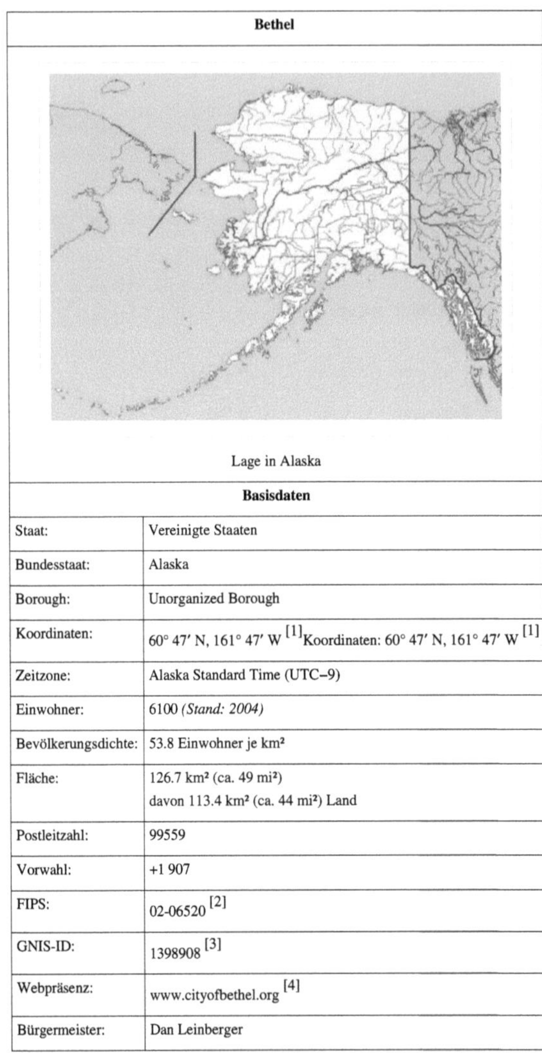 Lage in Alaska	
Basisdaten	
Staat:	Vereinigte Staaten
Bundesstaat:	Alaska
Borough:	Unorganized Borough
Koordinaten:	60° 47′ N, 161° 47′ W [1]Koordinaten: 60° 47′ N, 161° 47′ W [1]
Zeitzone:	Alaska Standard Time (UTC−9)
Einwohner:	6100 *(Stand: 2004)*
Bevölkerungsdichte:	53.8 Einwohner je km²
Fläche:	126.7 km² (ca. 49 mi²) davon 113.4 km² (ca. 44 mi²) Land
Postleitzahl:	99559
Vorwahl:	+1 907
FIPS:	02-06520 [2]
GNIS-ID:	1398908 [3]
Webpräsenz:	www.cityofbethel.org [4]
Bürgermeister:	Dan Leinberger

Bethel ist eine Stadt im US-Bundesstaat Alaska am Kuskokwim River im Bethel Census Area und liegt im Yukon Delta National Wildlife Refuge. Sie ist der Verwaltungssitz für die 56 Städte im Yukon-Kuskokwim-Delta.

Geschichte

Bethel aus der Luft

An der Stelle des heutigen Bethel gab es eine Siedlung der Yupik-Indianer mit dem Namen *Mamterillermiut*. Ende des 19. Jahrhunderts wurde ein Handelsposten der Alaska Commercial Company errichtet. 1880 hatte der Ort 41 Einwohner. Im Jahre 1885 wurde von der Moravian Church eine christliche Mission dort eingerichtet. Die Missionare verlagerten den Ort an die Westseite des Kuskokwim River. 1905 eröffnete ein Postamt.

Infrastruktur

Der Flughafen von Bethel ist in staatlichem Besitz und wird von sechs Passagier- und fünf Frachtfluglinien angeflogen. Gemessen an der Anzahl der Flüge ist der *Bethel Airport* der drittgrößte Alaskas.

In Bethel existieren etwa 16 Meilen offizielle Straßen, die nicht an ein überregionales Straßennetz angeschlossen sind.

Namensvarianten

Die Stadt besitzt einige Bezeichnungsvarianten:

- *Mamterilleq*[5]
- *Mamtrelich*[6]
- *Mumtreekhlagamute*[6]
- *Mumtrekhlagamute*[6]
- *Mumtrekkhlogamute*[6]
- *Mumtrelega*[6]
- *Mumtrelegamut*[6]
- *Uuyarmiut*[5]

Einzelnachweise

[1] http://toolserver.org/~geohack/geohack.php?pagename=Bethel_%28Alaska%29&language=de¶ms=60.7897222222_N_161.779444444_W_dim:25000_region:US-AK_type:city(6100)
[2] http://censtats.census.gov/data/AK/1600206520.pdf
[3] http://geonames.usgs.gov/pls/gnispublic/f?p=gnispq:3:::NO::P3_FID:1398908
[4] http://www.cityofbethel.org
[5] Jacobson, Steven A. , compiler. Yup'ik Eskimo Dictionary. 31-Dec-1984. Alaska Native Language Center
[6] Orth, Donald J. Dictionary of Alaska Place Names. Washington, DC: GPO, 1967. This work is an alphabetical list of the geographic names generally including feature descriptions and often name origin information that are now applied and have been applied to places and features in Alaska. GNIS Library. p128

mrj:Бетел

Alaska

Alaska

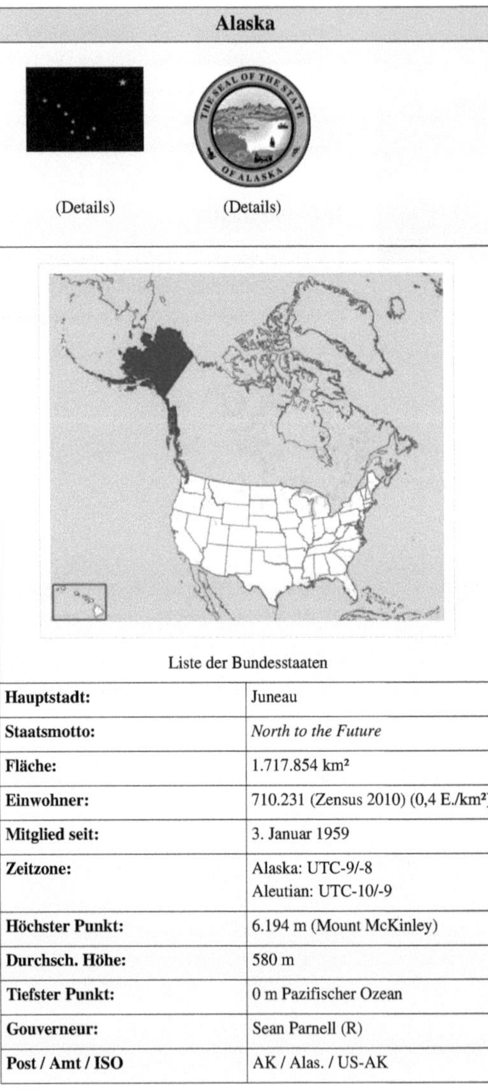

(Details) (Details)

Liste der Bundesstaaten

Hauptstadt:	Juneau
Staatsmotto:	*North to the Future*
Fläche:	1.717.854 km²
Einwohner:	710.231 (Zensus 2010) (0,4 E./km²)
Mitglied seit:	3. Januar 1959
Zeitzone:	Alaska: UTC-9/-8 Aleutian: UTC-10/-9
Höchster Punkt:	6.194 m (Mount McKinley)
Durchsch. Höhe:	580 m
Tiefster Punkt:	0 m Pazifischer Ozean
Gouverneur:	Sean Parnell (R)
Post / Amt / ISO	AK / Alas. / US-AK

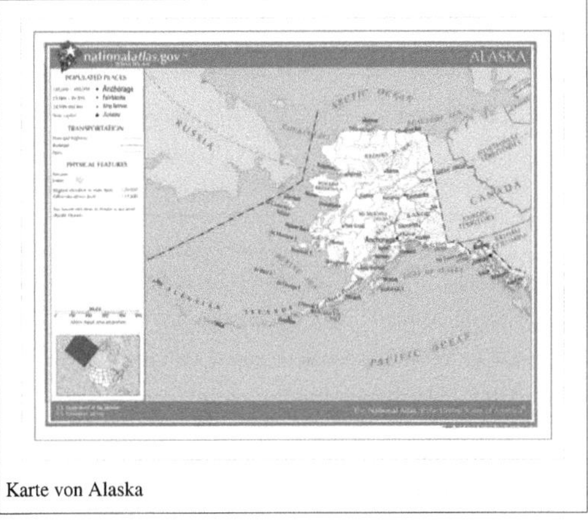

Karte von Alaska

Alaska (engl. Aussprache [əˈlæskə], von aleutisch *Alaxsxag* „Land, in dessen Richtung der Ozean strömt“) ist mit 1.717.854 km², wovon 1.481.346 km² auf Land entfallen, der flächenmäßig größte (etwa 20 % der Gesamtfläche), der nördlichste und der westlichste Bundesstaat der Vereinigten Staaten von Amerika sowie die größte Exklave der Erde. Teile Alaskas sind gleichzeitig auch die geographisch östlichsten Gebiete der USA, da die zu den Aleuten gehörenden Rat und Near Islands zwischen dem 170° und 180° östlicher Länge liegen. Alaska hat die viertniedrigste Bevölkerungszahl aller Bundesstaaten (nur 0,22 % der Gesamtbevölkerung der USA). Die USA erwarben das Gebiet 1867 vom Russischen Reich; am 3. Januar 1959 wurde es der 49. Bundesstaat der USA. Alaska hat den Beinamen *„Last Frontier“* (Letzte Grenze). Eine finanzpolitische Besonderheit stellt der Alaska Permanent Fund dar.

Geographie

Größenvergleich zwischen Alaska und den „Lower 48“

Alaska besteht aus drei landschaftlichen Großräumen: der Gebirgskette entlang der gesamten südlichen Pazifikküste, der Yukon-Niederung mit ihrem Berg- und Hügelland sowie der Küstenebene („North Slope“) am Nordpolarmeer.

Der größte Fluss bzw. Strom des Landes ist der Yukon River, der in den kanadischen Rocky Mountains entspringt und die Mitte Alaskas in Richtung Westen fließend durchschneidet und in das Beringmeer mündet.

Auf dem Gebiet von Alaska befinden sich tausende Seen, die größten davon (Becharof, Iliamna, Naknek und Ugashik) liegen auf der Alaska-Halbinsel bzw. am Übergang des Festlands zu dieser Halbinsel.

Im Südwesten von Alaska liegt die schmale Alaska-Halbinsel, an die sich die Aleuten anschließen; sowohl auf der Halbinsel als auch auf der langgestreckten Inselkette befindet sich die Aleutenkette, die im Mount Redoubt bis 3.109 m hoch aufragt. Im nördlichen Mittelteil des US-Bundesstaats liegen die Berge der Alaskakette, zu der auch der Mount McKinley – mit 6.194 m der höchste Berg dieser Kette und Nordamerikas – gehört. Im arktischen Norden erhebt sich die Brookskette, die bis 2.749 m hoch aufragt. Im Südwesten ragen die Wrangell Mountains im Mount Blackburn bis 4.996 m, die Waxell-Barkley Ridge bis 3.261 m und die an Kanada grenzenden Eliaskette mit dem in Alaska liegenden Mount Saint Elias bis 5.489 m hoch auf. Im äußersten Südosten liegt der Alaska Panhandle

(*„Pfannengriff“*), ein schmaler Streifen entlang des Pazifiks, westlich der kanadischen Provinz British Columbia, dessen Orte größtenteils nur per Schiff oder Flugzeug zu erreichen sind. Dort ist auch die Hauptstadt Juneau. Die restlichen Gebiete Alaskas kennzeichnen teils sehr dicht bewaldete Hügelländer und zahllose Fjorde an der Küste.

Das Gebirgssystem entlang der Pazifikküste ist geologisch instabil, plattentektonische Vorgänge um die Pazifische Platte machen die südöstliche Küste und die Aleuten zu einem Teil des Pazifischen Feuerrings. Er ist vulkanisch aktiv und löst Erd- und Seebeben aus. Die Südseite ist stark vergletschert: Der Malaspina im Südosten Alaskas nahe der Küste am Golf von Alaska ist mit 4.275 km² der größte außerpolare Gebirgsgletscher der Erde. An seiner dicksten Stelle weist der etwa 100 km lange und bis 65 km breite Gletscher eine Mächtigkeit von mehr als 600 m auf. Zum mittleren Teil des Bundesstaates gehören die Niederungen des Yukon und des Kuskokwim River. Die Küstenebene im Norden fällt von der Brookskette allmählich zum Nordpolarmeer ab.

Im Osten grenzt Alaska an Kanada, im Westen an das Beringmeer, im Norden an das Nordpolarmeer und im Süden an den Golf von Alaska, der ein Teil des Pazifischen Ozeans ist.

Administrative Gliederung

Alaska ist nicht wie die anderen Bundesstaaten in Countys (Landkreise) eingeteilt, sondern in Boroughs, die den Countys in den anderen Staaten, den Landkreisen in Deutschland und den Bezirken in Österreich ähneln, sowie den Unorganized Borough, der in Census Areas (Volkszählungsgebiete) ohne öffentliche Verwaltung aufgeteilt ist, die nicht vom Staat Alaska, sondern von der US-Volkszählungsbehörde festgelegt werden.

Klima

Im Innern Alaskas herrscht ein kontinentales, im Norden ein subpolares Klima. Die Winter sind hier lang, dunkel und sehr kalt. Im kurzen Sommer kann es dann aber dafür recht warm werden, an der Nordküste steigen die Temperaturen nur dann über 0 °C. Sogar auf den Gipfeln der Berge nördlich der Rocky Mountains (bis 3.000 m) schmilzt im Sommer ein Großteil des Schnees. Bis auf die Sommermonate fällt nur wenig Niederschlag (100–300 mm), meist in Form von Schnee. An der Süd- und Westküste ist es gemäßigter und regenreicher. Hier fallen auch im Winter die Temperaturen nur selten unter –10 °C. Die Sommer sind nur mäßig warm. Dafür ist es aber sehr feucht, es gibt teilweise 300 Regentage pro Jahr. Im Süden Alaskas reichen die Gletscher auch im Sommer teilweise bis zum Meer.

Alaska gehört zu den Weltregionen, in denen sich der weltweite Klimawandel am stärksten bemerkbar macht. Von etwa 1960 bis 2007 stieg die Durchschnittstemperatur in Alaska um etwa 6 °C.[1]

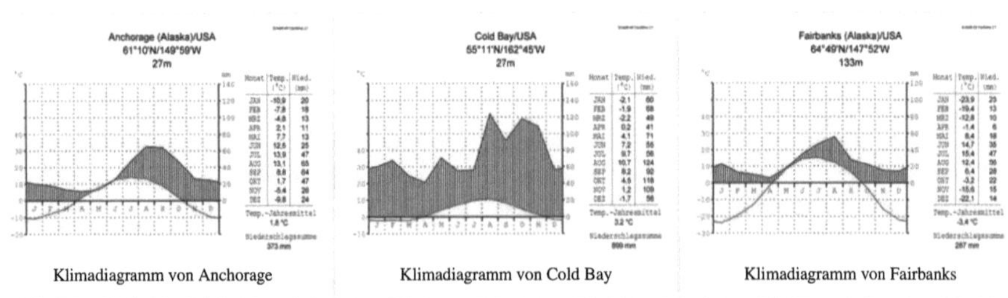

Klimadiagramm von Anchorage | Klimadiagramm von Cold Bay | Klimadiagramm von Fairbanks

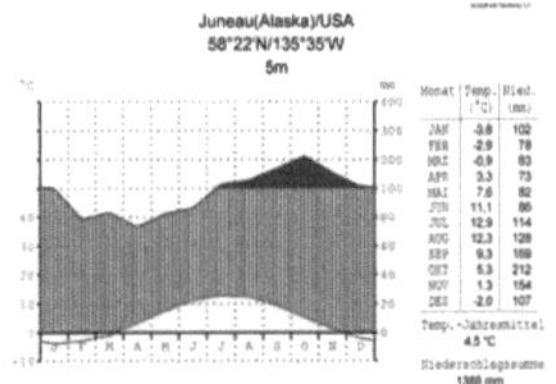

Klimadiagramm von Juneau

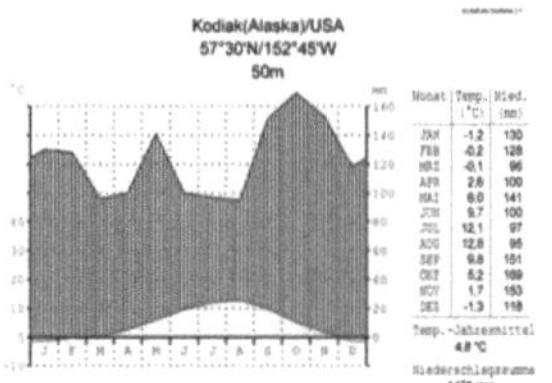

Klimadiagramm von Kodiak-Insel

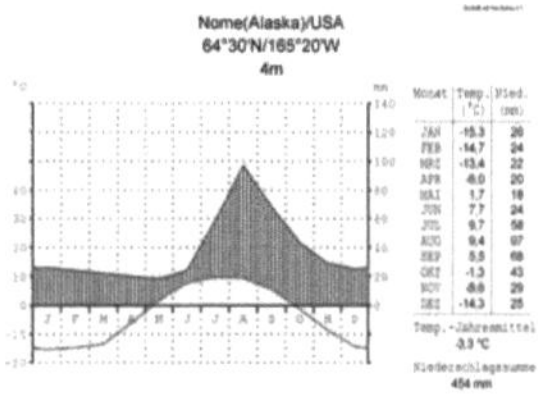

Klimadiagramm von Nome

Bevölkerung

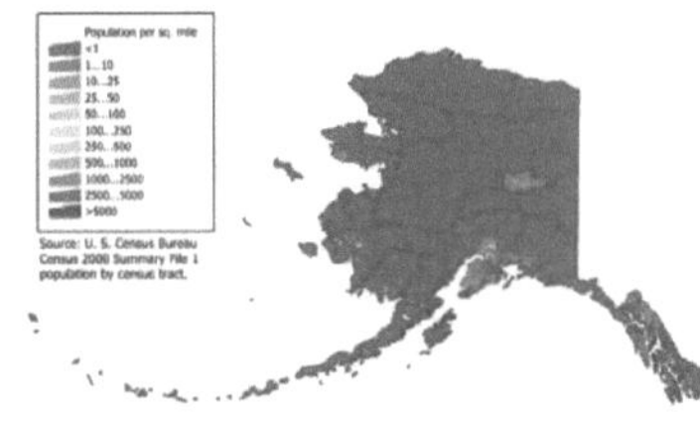

Einwohner pro Quadratmeile

Historische Einwohnerzahlen			
Census	**Einwohner**		**± in %**
1880			—
1890			-4 %
1900			100 %
1910			1 %
1920			-10 %
1930			8 %
1940			20 %
1950			80 %
1960			80 %
1970			30 %
1980			30 %
1990			40 %
2000			10 %
2010			10 %
Vor 1900[2] 1900–1990[3] 2000[4]			

Alaska hat 710.231 Einwohner (Stand: 2010), davon sind 66,7 % Weiße, 14,8 % Indianer, Eskimo und Aleuten (höchster Prozentsatz in den USA), 5,5 % Hispanics oder Latinos, 5,4 % Asiatische Amerikaner, 3,3 % Afroamerikaner und 0,6 % Hawaiianer oder Pazifische Insulaner. Es gibt 258.058 Haushalte.[5]

Alters- und Geschlechterstruktur

Die Altersstruktur von Alaska setzt sich folgendermaßen zusammen:

- bis 18 Jahre: 132.440 (18,7 %)
- 18–64 Jahre: 522.853 (73,6 %)
- ab 65 Jahre: 54.938 (7,7 %)

Das Medianalter beträgt 33,8 Jahre. 52,0 % der Bevölkerung ist männlich und 48,0 % ist weiblich.

Abstammung

19,2 % der Einwohner sind deutscher Abstammung und stellen damit die größte Gruppe. Es folgen die Gruppen der Irisch- (12,1 %), Englisch- (10,9 %) und Norwegischstämmigen (4,4 %).[6]

Religionen

Die mitgliederstärksten Religionsgemeinschaften im Jahre 2000 waren die Katholische Kirche mit 54.359 und die Southern Baptist Convention mit 22.959 Anhängern. Es folgen die Orthodoxe Kirche mit rund 20.000 Mitgliedern und die Kirche Jesu Christi der Heiligen der Letzten Tage mit 19.019 Mitgliedern.[7] Bei statistischen Erhebungen gaben 33 % der in Alaska lebenden US-Bürger an, einer Konfession anzugehören. Die verschiedenen evangelikalen Kirchen haben zusammen ca. 78.000 Anhänger.

Die vergleichsweise hohe Anzahl orthodoxer Christen lässt sich auf die Missionierung der einheimischen Indianer während der russischen Kolonialzeit zurückführen. Die meisten orthodoxen Christen in Alaska haben indianische Vorfahren.

Größte Städte

Neben der Hauptstadt Juneau sind Anchorage, die mit Abstand größte Stadt des Staates, und Fairbanks die wichtigsten Städte Alaskas.

Geschichte

Besiedlung und Ureinwohner

Totempfahl der Tlingit

Alaska war der erste Teil des amerikanischen Kontinents, der von Menschen besiedelt wurde. Aus Sibirien kommend, erreichten die ersten Nomaden die Gegend vor etwa 16.000 bis 12.000 Jahren über die damals noch bestehende Beringia, eine Landbrücke zwischen Asien und Nordamerika. Erst mit dem Ende der Eiszeit hob sich der Meeresspiegel, und vor rund 10.000 Jahren wurden die beiden Kontinente durch die heutige Beringstraße getrennt. Zunächst verhinderte noch eine Eisbarriere ein weiteres Vordringen, erst nach einer zwischenzeitlichen Warmzeit öffnete sich ein Korridor und ermöglichte die Besiedlung des amerikanischen Doppelkontinents.

Russische Kolonisation

Der erste Europäer, der Alaska sichtete, war möglicherweise der russische Entdecker Semjon Iwanowitsch Deschnjow, der 1648 die Tschuktschen-Halbinsel umschiffte und so die These widerlegte, dass Amerika und Asien zusammenhängen. 1728 und 1729 scheiterte der im Auftrag des russischen Zaren segelnde Däne Vitus Bering bei dem Versuch, Alaska zu erreichen. Erst 1741 gelang das Unterfangen im Rahmen der Zweiten Kamtschatkaexpedition. Den ersten Landgang unternahm am 15. Juli des Jahres allerdings der Russe Alexei Iljitsch Tschirikow, Kapitän der St. Paul, des zweiten Schiffs von Berings Expedition, in der Nähe des heutigen Sitka. Bering erreichte tags darauf die Küste rund 600 km weiter nördlich – die Schiffe waren zuvor bei einem Sturm getrennt worden. Auf der Rückfahrt musste die St. Peter, das Schiff Berings, auf der später nach ihm benannten Insel anlanden, wo er am 19. Dezember 1741 verstarb. Der Rest der Besatzung kam im August 1742 wieder im Ausgangshafen, dem heutigen Petropawlowsk auf Kamtschatka, an. Von Bedeutung waren bei dieser Expedition auch die Beobachtungen des Botanikers und Zoologen Georg Wilhelm Steller, der einige amerikanische Tier- und Pflanzenarten erstmals beschrieb, darunter auch die nach ihm benannte und heute ausgerottete Stellersche Seekuh.

Ab 1745 erkundeten die Russen ihre spätere Kolonie *Russisch-Alaska* auf der Suche nach Seeottern und deren wertvollen Pelzen. Wegen der großen Entfernungen und des widrigen Klimas waren diese Unternehmungen höchst riskant. 1783 landete Grigori Iwanowitsch Schelichow mit zwei Schiffen auf der Insel Kodiak. Nach feindlichen Übergriffen der Koniag-Indianer ließ er das Feuer auf sie eröffnen und tötete und verwundete Hunderte. Nachdem er so seine Autorität sichergestellt hatte, gründete er die erste permanente Siedlung in Alaska an der heutigen Three Saints Bay. 1792 wurde die Siedlung an die Stelle der heutigen Stadt Kodiak verlegt, die sich zum Hauptumschlagsplatz für Pelze auch vom Festland entwickelte. Nach einiger Zeit gestaltete sich auch das Zusammenleben von Einheimischen und Russen halbwegs harmonisch.

Der russischen Expansion traten bald Spanien und Großbritannien entgegen. Spanien erhob auf der Grundlage des Vertrags von Tordesillas 1494 Anspruch auf die gesamte amerikanische Pazifikküste. Um diesen Anspruch zu untermauern, entsandte König Karl III. zwischen 1774 und 1791 mehrere Expeditionen zu deren Erkundung. Eines von zwei Schiffen der zweiten Expedition erreichte unter Juan Francisco de la Bodega y Quadra 1775 auch Alaska, 1791 gelang dies auch dem in spanischen Diensten stehenden Italiener Alessandro Malaspina, der im Auftrag der Krone nach der Nordwestpassage suchte. Letztlich wurden die unterschiedlichen Auffassungen der Spanier und Briten 1790 als Folge der Nootka-Sund-Krise geklärt. Im Zuge der lateinamerikanischen Unabhängigkeitsbestrebungen (beginnend 1810) verlor Spanien bald jegliche Ansprüche. Ihr Erbe beschränkt sich unter anderem auf einige Ortsnamen, darunter der Malaspinagletscher und die Ortschaft Valdez. Die Grenzziehungen Russisch-Amerikas mit Großbritannien und den USA wurden 1824 bzw. 1825 in Verträgen konkretisiert.

Bereits 1778 kartografierte der Brite James Cook den Verlauf der Pazifikküste grob von Kalifornien bis zur Beringstraße und entdeckte dabei das nach ihm benannte Cook Inlet, George Vancouver setzte diese Unternehmungen 1791–1795 fort. Zunehmend drängten in den nächsten Jahren auch britische und amerikanische Pelzjäger und -händler mit Schiffen nach Alaska. Die britische Hudson's Bay Company unterhielt seit den 1830ern und später Handelsposten in Fort Yukon, am Stikine River und in Wrangell, die teilweise durch Pachtverträge mit den Russen zustande kamen. Letztlich wurden diese jedoch zu Gunsten weiter südlich, insbesondere im heutigen British Columbia gelegenen Neugründungen aufgegeben.

Bis 1798 erkundete Alexander Baranow die Küstengebiete südlich von Kodiak und gründete ein Jahr später rund 10 km nördlich des heutigen Sitka eine Niederlassung, um den russischen Alleinanspruch zu verdeutlichen. Aus der Konglomeration von den drei größten verbliebenen Pelztierunternehmen, unter ihnen auch die von Schelichow mitbegründete Schelichow-Golikow-Gesellschaft, wurde 1799 schließlich unter Mitinitiative des Schwiegersohns von Schelichow, Nikolai Resanow, der neuen Russisch-Amerikanische Kompagnie (RAK) von Zar Paul I. auf zwanzig Jahre das Monopol für den Pelzhandel in Alaska erteilt. Rezanov schmiedete Pläne, die gesamte Pazifikküste Nordamerikas für Russland in Besitz zu nehmen. Nachdem er 1805 die Bucht von San Francisco erreicht hatte, beendeten sein früher Tod im darauffolgenden Jahr und die Vorsicht des russischen Zaren diese Pläne schon bald. Mehr als notwendige Versorgungsbasis als aus Machtanspruch errichtete 1812 der Stellvertreter Iwan Kuskow auf Weisung Baranows den Handelsposten Fort Ross in Kalifornien. Er wurde 1841 verkauft.

Die Aktivitäten der RAK im nordpazifischen Raum boten immer mehr Spielraum für mögliche internationale Konflikte, als dass sie nur von einem Pelzhändler wie Baranow geleitet werden durften. So übernahm 1818 die russische Regierung die Kontrolle über Russisch-Amerika in Form von verdienten russischen Marineoffizieren und setzte zunächst Ludwig Hagemeister als Gouverneur ein. Das Bestehen dieser Kolonie bis 1867 ist auch auf die Arbeit von Gouverneuren wie Ferdinand von Wrangel zurückzuführen.

Der Verkauf von Alaska

Alaska war für die aufstrebende Weltmacht Russland die einzige Übersee-Kolonie, die aber kaum rentabel und schwierig zu verwalten war. Da die Passage durch das Eismeer zu gefährlich war, führte der einzige Weg von der damaligen russischen Hauptstadt Sankt Petersburg quer östlich durch das Land über die Tschuktschensee und dauerte mehr als ein halbes Jahr.

Mit der Zeit wurden die Pelztiere, insbesondere der Seeotter, in Folge der Bejagung immer seltener und das Territorium für Russland immer schwieriger zu unterhalten. Zudem machten die einheimischen Indianer, vornehmlich die Tlingit, den Russen Schwierigkeiten. Um die Staatskasse nach dem verlorenen Krimkrieg wieder aufzufüllen, stimmte Zar Alexander II. einem Vertrag zu, den sein Botschafter in den USA, Eduard von Stoeckl, am 30. März 1867 mit US-Außenminister William H. Seward in Washington unterzeichnet hatte. Danach verkaufte das Zarenreich Alaska für 7,2 Millionen Dollar an die Vereinigten Staaten (Alaska Purchase).[8]

Dieser Kauf wurde mit einem Quadratmeterpreis von nur 0,0004 Cent einer der billigsten Landkäufe der Geschichte. Der Ankauf war gleichwohl in den USA sehr umstritten. Der Senat stimmte dem Kaufvertrag zwar mit 37 Ja- und 2 Nein-Stimmen zu [9] , Spötter nannten das erworbene Land jedoch *Seward's ice box* („Sewards Gefriertruhe") oder auch „Johnsons Eisbärengehege". Am 18. Oktober 1867 ging Alaska offiziell in amerikanischen Besitz über; in Sitka wurde die russische Fahne eingeholt und die Flagge der USA gehisst. Durch die Einführung des gregorianischen Kalenders hat dieser offizielle Übergabetag Russisch-Amerikas an die USA zwei Daten, den 6. Oktober (julianischer Kalender) und den 18. Oktober (gregorianischer Kalender), der bis heute ein Feiertag ist („Alaska Day") und vor allem in der alten Hauptstadt Sitka gefeiert wird.

Alaska als Teil der USA

1867–77 wurde Alaska von der United States Army, 1877–79 vom Finanzministerium und 1879–1884 von der Kriegsmarine verwaltet. Bis 1884 war der Name des Gebiets *Department of Alaska*. Ausgelöst durch den Klondike-Goldrausch 1898 wurde die Grenze mit Kanada im Jahr 1903 genau fixiert. Von 1884 bis 1912 hatte Alaska als *District of Alaska* eine eigene Regierung und 1912 bis 1959 als Alaska-Territorium einen Sitz im Kongress der Vereinigten Staaten. Am 3. Januar 1959 wurde Alaska durch den Alaska Statehood Act der 49. Bundesstaat der Vereinigten Staaten von Amerika.[10]

1968 wurden riesige Erdölfelder an der Polarmeerküste bei Prudhoe Bay entdeckt. Dies führte in den Jahren 1974–1977 zum Bau der Trans-Alaska-Pipeline von Prudhoe Bay nach Valdez. 1989 gab es ein schweres Unglück mit einem Öl-Tanker (Exxon-Valdez-Katastrophe). Dabei lief das Schiff mit einfacher Außenhülle auf Grund und das ausgetretene Öl verseuchte das empfindliche Ökosystem Alaskas. Als Konsequenz daraus änderten die US-Amerikaner ihre Vorschriften und ließen nur noch sicherere Doppelhüllentanker in ihre Häfen einlaufen.

Schätzungen zufolge wird das 1968 entdeckte Ölfeld ca. 2020 erschöpft sein – jedoch entdeckte man vor einigen Jahren ein weiteres riesiges Ölfeld weiter nördlich.

Politik

Am 19. Oktober 2005 trat im Bundesstaat Alaska ein Waffengesetz in Kraft, das sowohl den Waffenbesitz von Handfeuerwaffen als auch ihr Mitführen im PKW liberalisiert. Das Gesetz war auf Betreiben der National Rifle Association verabschiedet worden, um den restriktiveren lokalen Grundsätzen der Kommunen und Countys zuvorzukommen. Alaska soll nach dem Willen der NRA Vorbild für die anderen Bundesstaaten werden. Dies ist bezeichnend für die politische Kultur des *frontier spirit*, der an hinsichtlich des Eigentums libertäre und dennoch die soziale Ordnung betonende Traditionen des alten amerikanischen Westens anknüpft. Der Staat ist demnach vornehmlich konservativ geprägt, jedoch ohne dass die Religiosität die Rolle spielt, die ihr in traditioneller strukturierten Staaten der USA zukommt. Gouverneur Sean Parnell gehört wie seine Vorgängerin Sarah Palin der Republikanischen Partei an. Dem Kongress gehören als Senatoren die Republikanerin Lisa Murkowski und der Demokrat Mark Begich an; einziger Abgeordneter des Staates im Repräsentantenhaus der Vereinigten Staaten ist seit 1973 Don Young.

Debatten über Status

- In Alaska existiert eine Unabhängigkeitsbewegung (Alaska Independent Movement)[11], deren Anhänger sich als Alaskaner statt als Amerikaner sehen und eine Sezession von den USA und eine unabhängige Republik anstreben. Dafür fordert sie die Unterstützung und Anerkennung der UNO.[12] Die an ihrer Spitze stehende Alaskan Independence Party hatte 1990 mit der Wahl von Walter Hickel (US-Innenminister unter Richard Nixon) zum Gouverneur von Alaska einen einmaligen Achtungserfolg aufzuweisen (Hickel kehrte jedoch 1994 zur Republikanischen Partei zurück) und bekam durch die Autonomie von Nunavut 1999 wieder Auftrieb.
- Eine Rückgabe Alaskas an Russland hat der russische Rechtspopulist Wladimir Schirinowski seit 1991 wiederholt gefordert. Der Verkauf von 1867 sei rechtswidrig gewesen, so ein Anwalt Schirinowskis, zudem sei die Regierung des Zaren dazu nicht legitimiert gewesen. Ein russisches Alaska könne eine Heimstätte bieten vor allem für jene Ukrainer, die sich einer Wiederangliederung und Russifizierung der Ukraine an Russland widersetzen und es vorzögen, innerhalb Russlands in einer ukrainischen Autonomie zu leben, so Schirinowski. Der Besitz Alaskas würde zudem Russlands komfortable Position im Arktis-Streit weiter stärken, über Alaska haben die USA derzeit einen kleinen sektoralen Anteil an der Nordpolarregion.
- Als Heimstätte für die Juden anstelle Palästinas hatte 1989 Libyens Revolutionsführer Muammar al-Gaddafi Alaska vorgeschlagen.[13] Mit einem ähnlichen Vorschlag brachte auch Irans Präsident Mahmud Ahmadinedschad die westliche Welt gegen sich auf.[14] [15] [16]

Kongress

- Liste der Mitglieder des US-Repräsentantenhauses aus Alaska
- Liste der Senatoren der Vereinigten Staaten aus Alaska

Gouverneure und Stellvertreter

- Liste der Gouverneure von Alaska
- Liste der Vizegouverneure von Alaska

Kultur und Sehenswürdigkeiten

Viele der Schutzgebiete Alaskas wurden 1978 vom damaligen US-Präsidenten Jimmy Carter proklamiert oder 1980 durch den Alaska National Interest Lands Conservation Act geschaffen oder erweitert.

Parks

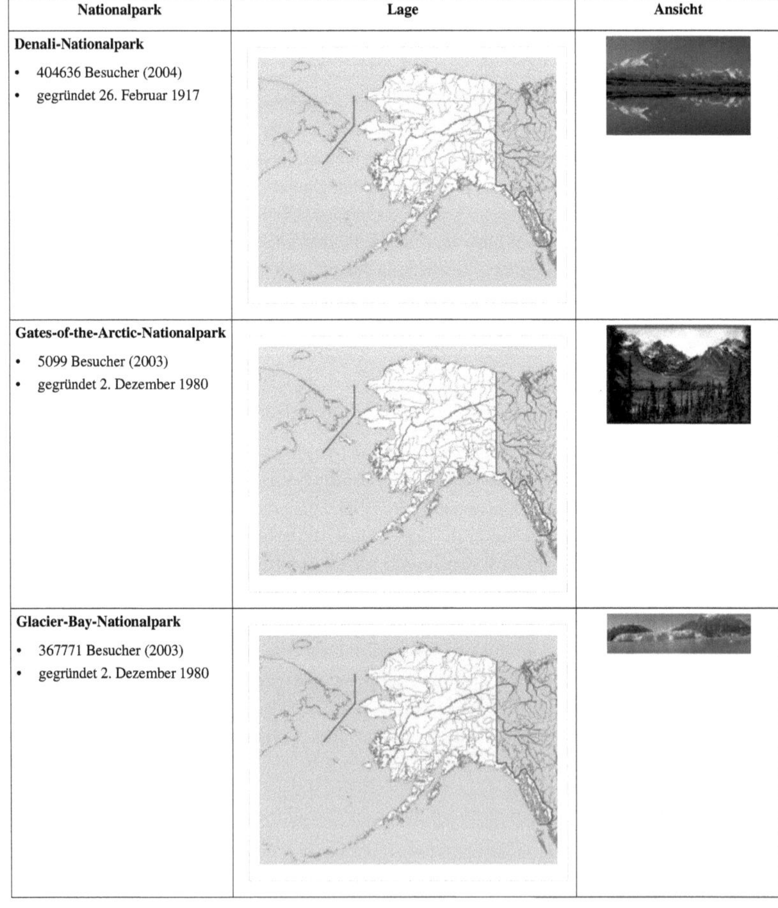

Nationalpark	Lage	Ansicht
Denali-Nationalpark • 404636 Besucher (2004) • gegründet 26. Februar 1917		
Gates-of-the-Arctic-Nationalpark • 5099 Besucher (2003) • gegründet 2. Dezember 1980		
Glacier-Bay-Nationalpark • 367771 Besucher (2003) • gegründet 2. Dezember 1980		

Katmai-Nationalpark • 23754 Besucher (2004) • gegründet 2. Dezember 1980	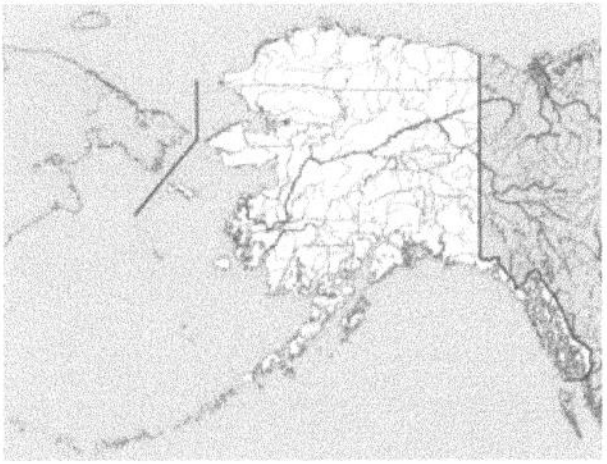	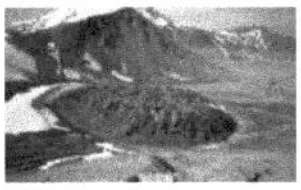
Kenai-Fjords-Nationalpark • 241111 Besucher (2003) • gegründet 2. Dezember 1980	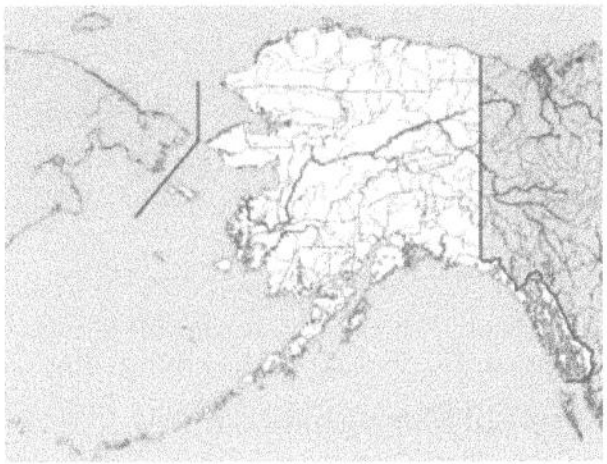	
Kobuk-Valley-Nationalpark • 6309 Besucher (1999) • gegründet 4. März 1940	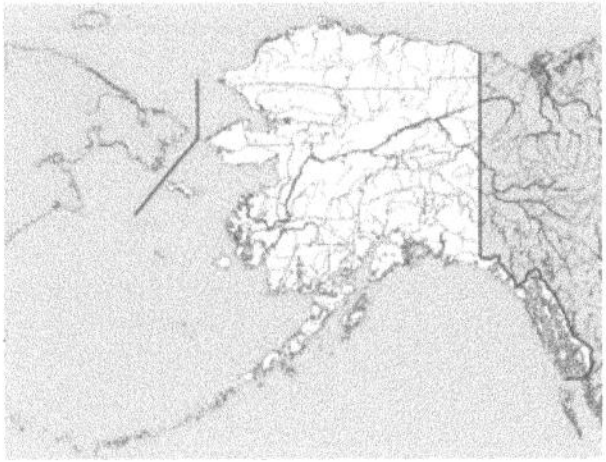	
Lake-Clark-Nationalpark • 4906 Besucher (2004) • gegründet 2. Dezember 1980	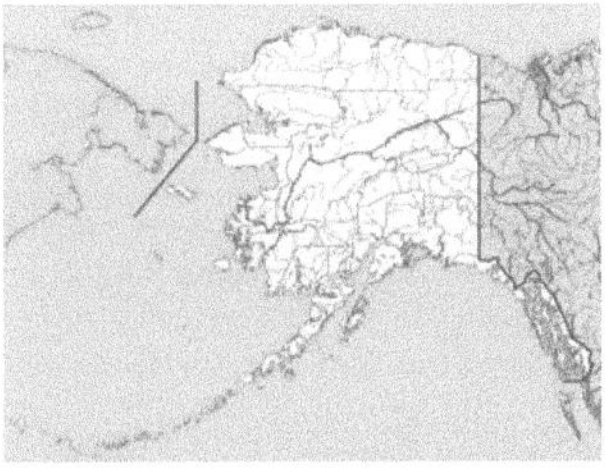	

Wrangell-St.-Elias-Nationalpark • 57221 Besucher (2004) • Fläche: 53321 km² • gegründet 2. Dezember 1980	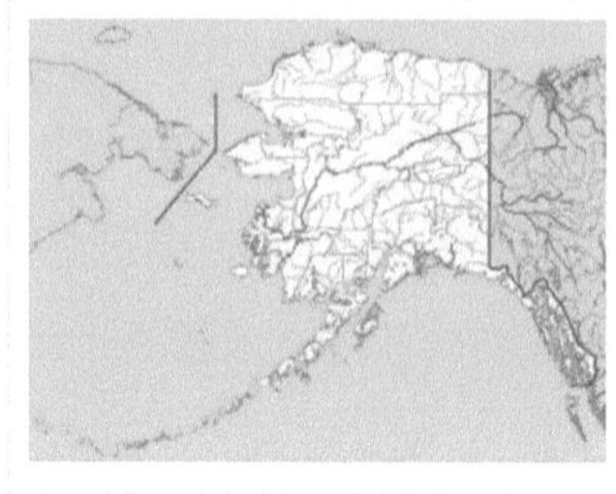	

Naturdenkmäler

In Alaska gibt es fünf National Monuments:

- Admiralty Island National Monument
- Aniakchak National Monument and Preserve
- Kap Krusenstern National Monument
- Misty Fjords National Monument - das größte National Monument der Vereinigten Staaten
- World War II Valor in the Pacific National Monument

Schutzgebiete

In Alaska gibt es 16 National Wildlife Refuges:

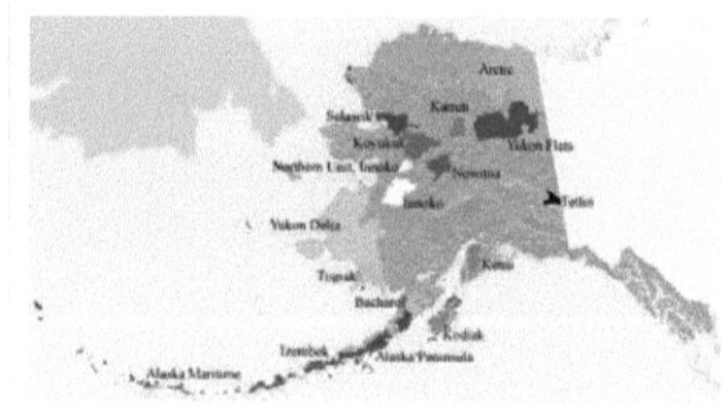

National Wildlife Refuges in Alaska

- Alaska Maritime
- Alaska Peninsula
- Arctic
- Becharof
- Innoko
- Izembek
- Kanuti
- Kenai
- Kodiak
- Koyukuk
- Nowitna
- Togiak
- Selawik
- Tetlin
- Yukon Delta
- Yukon Flats

Zeitungen

Die wichtigste überregionale Tageszeitung ist die 1946 gegründete Anchorage Daily News. Rund dreißig lokale Zeitungen erscheinen in den weit auseinander liegenden Orten größtenteils wöchentlich. Sie haben Namen wie „No Nuggets" und waren anfangs auch so etwas wie ein Sprachrohr von Eskimos und Indianern.

Wirtschaft und Infrastruktur

Alaska gehört zu den wirtschaftlich erfolgreichsten Bundesstaaten der USA. Das reale Bruttoinlandsprodukt pro Kopf (engl. per capita real GDP) lag im Jahre 2006 bei USD 43.748 (nationaler Durchschnitt der 50 US-Bundesstaaten: USD 37.714; nationaler Rangplatz: 6).[17]

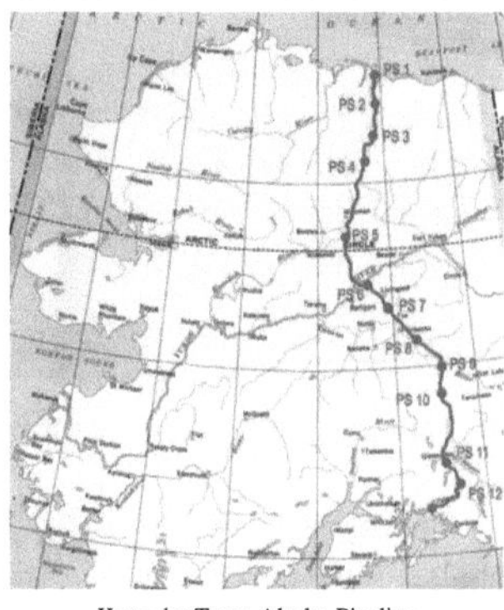

Karte der Trans-Alaska-Pipeline

Die Quelle des Reichtums stellen die Ölvorkommen Alaskas dar, welche rund 85 Prozent der staatlichen Einnahmen ausmachen. Einmalig in den USA ist dabei der Alaska Permanent Fund, der die Einnahmen des Ölgeschäfts verwaltet und den jährlichen Gewinn zu gleichgroßen Teilen unter die Bewohner Alaskas verteilt. So erhielt jeder Bewohner Alaskas 2006 zusätzliche Einkünfte aus dem Fonds in Höhe von rund USD 1.100.

Wegen der großen Waldgebiete ist die Holz- und Papierindustrie eine wichtige Einnahmequelle. In den Bergen werden Gold, Kupfer, Silber, Blei, Zinn und Eisen abgebaut. In der Fischerei werden überwiegend Lachs und Kabeljau exportiert. In Alaska gibt es Kohlevorkommen und eine 1968 entdeckte Erdöllinie. Dies lässt Alaska und der Trans-Alaska-Pipeline eine wichtige Rolle auf dem Welt-Rohölmarkt zukommen.

Nur in den Flusstälern (beispielsweise am Yukon) sind landwirtschaftliche Anbaumöglichkeiten vorhanden. Angebaut werden Getreide, Gemüse und Futterpflanzen, wobei es nur sehr wenige Anbauflächen gibt. Gezüchtet werden vorwiegend Pelztiere.

Verkehr

Land- und Wasserstraßen

Viele Orte Alaskas sind nur per Flugzeug erreichbar

Nur sehr wenige befestigte Straßen erschließen den riesigen Bundesstaat. Anfang des 20. Jahrhunderts war die Alaska Road Commission für den Straßenbau in Alaska zuständig. Seit 1942 gibt es den Alaska Highway, der Alaska mit den „Lower 48" verbindet. Ebenfalls von Bedeutung ist der Alaska Marine Highway – eine Fährverbindung von Bellingham im US-Bundesstaat Washington bis zu den Aleuten – der zahlreiche Ortschaften entlang der Inside Passage und der Küste am Golf von Alaska ansteuert.

Eisenbahn

Von Seward über Anchorage nach Fairbanks führt eine der beiden Eisenbahnstrecken Alaskas, die von der Alaska Railroad betrieben wird. Neben den Gütertransporten werden auch Personenzüge eingesetzt, vor allem für die Touristen. Die andere Bahn ist die Schmalspurbahn White Pass and Yukon Railway, die von Skagway nach Carcross im Yukon-Territorium führt. Sie dient hauptsächlich dem touristischen Verkehr. Zur Zeit des Goldrauschs gab es zahlreiche Minenbahnen, die hauptsächlich die Bergwerke an See- und Flusshäfen anbinden sollten.

Tourismus

Kreuzfahrtschiffe spielen eine große Rolle. Rund drei Prozent aller Touristen sind Deutsche.

Flugverkehr

Da viele Orte Alaskas nur per Flugzeug erreichbar sind, gibt es in Alaska mehr als 250 Flugplätze, die meisten mit Sand- oder Eispisten die sehr stark dem Frachttransport in die abgelegenen Regionen dienen. Auch sehr viele Wasserflugzeuge kommen hier zum Einsatz. Viele Fluglinien nutzten vor der Praxisreife von Langstreckenflugzeugen Alaska als Zwischenstop bei internationalen Flügen. So begann 1957 SAS mit einer Douglas DC-7C die Polarroute von Kopenhagen via Anchorage nach Tokio zu bedienen, wobei sich der Flughafen Anchorage in den 1960er Jahren als Luftkreuz vor allem für den Frachtverkehr nach Europa und Asien etablierte. Nach den 1990er Jahren (mit Öffnung der Strecken über Russland und neue Langstreckenflugzeuge) ging der internationale Luftverkehr jedoch stark zurück. Auch der Flughafen Fairbanks bietet internationale Verbindungen und spielt vor allem für den Tourismus eine wichtige Rolle.[18]

Literatur

- Peter Littke: *Vom Zarenadler zum Sternenbanner. Die Geschichte Russisch-Alaskas.* Magnus-Verlag, Essen, 2003, ISBN 3-88400-019-5.
- Joel K. Bourne Jr.: *Die große Wildnis. Im Norden Alaskas liegt eine der letzten unberührten Naturlandschaften Amerikas - Aber die gewaltigen Ölreserven darunter wecken Begehrlichkeiten: Ihre Ausbeutung könnte dieses Paradies für immer zerstören*, in: National Geographic Deutschland Juni 2006, S. 44-81
- Bernd Steinle: *Goldrausch, Eis und Bärenspuren. Abenteuerliches Alaska.* Picus Verlag, Wien, 2007, ISBN 978-3-85452-928-6.
- James A. Michener: *Alaska*, Lübbe Verlag 1991 ISBN 978-3-404-11810-6 [Roman]

Weblinks

- Homepage Alaskas [19] (englisch)
- Alaska Travel Industry Association: Reise- und Urlaubsinformationen [20] (deutschsprachig)
- Alaska Department of Fish and Game [21]

Einzelnachweise

[1] tagesschau.de: *Klimawandel in Alaska: Ein Teufelskreis nimmt seinen Lauf* (nicht mehr online verfügbar)

[2] U.S. Census Bureau _ Census of Population and Housing (http://www.census.gov/prod/www/abs/decennial/index.html). Abgerufen am 28. Februar 2011

[3] Auszug aus Census.gov (http://www.census.gov/population/www/censusdata/cencounts/index.html). Abgerufen am 28. Februar 2011

[4] Auszug aus factfinder.census.gov (http://factfinder.census.gov/servlet/SAFFFacts?_event=Search&geo_id=04000US01&_geoContext=01000US|04000US01&_street=&_county=&_cityTown=&_state=04000US02&_zip=&_lang=en&_sse=on&ActiveGeoDiv=geoSelect&_useEV=&pctxt=fph&pgsl=040&_submenuId=factsheet_1&ds_name=DEC_2000_SAFF&_ci_nbr=null&qr_name=null®=null:null&_keyword=&_industry=) Abgerufen am 28. Februar 2011

[5] *2010 Demographic Profile Data: Alaska.* (http://factfinder2.census.gov/faces/tableservices/jsf/pages/productview.xhtml?src=bkmk) U.S. Census Bureau, 2010 Census, abgerufen am 13. Mai 2011.

[6] U.S. Census Alaska Selected Social Characteristics (http://factfinder.census.gov/servlet/ADPTable?_bm=y&-qr_name=ACS_2006_EST_G00_DP2&-geo_id=04000US02&-ds_name=&-_lang=en&-redoLog=false)

[7] http://www.thearda.com/mapsReports/reports/state/02_2000.asp

[8] ourdocuments.gov - Abbildung des Schecks, mit dem der Verkauf von Alaska an die USA bezahlt wurde. (http://www.ourdocuments.gov/doc.php?flash=old&doc=41#)

[9] Primary Documents in American History: Treaty with Russia for the Purchase of Alaska (http://www.loc.gov/rr/program/bib/ourdocs/Alaska.html)

[10] infopleasure.com -Alaska:History (http://www.infoplease.com/ce6/us/A0856537.html)

[11] „Alaska Independence Movement“ auf *pravda.ru* (http://english.pravda.ru/world/americas/104960-0/)

[12] Website der Alaskan Independence Party (http://www.akip.org/)

[13] „Wer ist Muammar al Gaddafi?“ auf *tagesspiegel.de* (http://www.tagesspiegel.de/zeitung/Fragen-des-Tages;art693,2348039), „Muammar al-Gaddafi: Der Provokateur auf Entspannungskurs“ auf *ftd.de* (http://www.ftd.de/politik/international/1071904450206.html)

[14] „Ahmadinedschad will Israel nach Nordamerika umsetzen“ auf *spiegel.de* (http://www.spiegel.de/politik/ausland/0,1518,509672,00.html)

[15] „Entsetzen über Ahmadinedschad“ auf *tagesschau.de* (nicht mehr online verfügbar)

[16] „Ahmadinedschad will Israel nach Kanada oder Alaska verlegen“ auf *heise.de* (http://www.heise.de/tp/r4/artikel/26/26353/1.html)

[17] U.S. Bureau of Economic Analysis: Regional Economic Accounts (http://www.bea.gov/newsreleases/regional/gdp_state/gsp_newsrelease.htm)

[18] FlugRevue Januar 2010, S.56-60, Luftkreuze in der Wildnis - Alaskas internationale Flughäfen

[19] http://www.state.ak.us/

[20] http://www.alaska-travel.de/

[21] http://www.adfg.alaska.gov/index.cfm?adfg=species.main

Koordinaten: 65° N, 151° W

gag:Alaska mrj:Аляска

Bundesstaat_der_Vereinigten_Staaten

Ein **Bundesstaat der Vereinigten Staaten**, kurz *US-Bundesstaat*, ist einer von derzeit 50 teilsouveränen Gliedstaaten der Bundesrepublik der Vereinigten Staaten. Die ersten Bundesstaaten entstanden aus den Dreizehn Kolonien mit der Ratifizierung der Verfassung, weitere kamen durch Erweiterungen Richtung Westen, den Louisiana Purchase, den Beitritt der Republik Texas und die Umwandlung Hawaiis und Alaskas in Bundesstaaten dazu. Zusammen mit dem Bundesdistrikt und den Außengebieten bilden die Bundesstaaten das amerikanische Staatsgebiet.

Karte der Vereinigten Staaten mit Namen der US-Bundesstaaten.Hawaii und Alaska sind hier anders skaliert.

Vier Bundesstaaten – Kentucky, Massachusetts, Pennsylvania und Virginia – tragen die formelle Bezeichnung Commonwealth, ohne dass daraus weitere Rechte oder Pflichten entstünden – im Gegensatz zu den Commonwealth-Territorien Puerto Rico und den Nördlichen Marianen.

Geschichte

Karte der US-Bundesstaaten nach Datum des Anschlusses

Abk.	seit	Staat	Hauptstadt
AL	1819	Alabama	Montgomery
AK	1959	Alaska	Juneau
AZ	1912	Arizona	Phoenix
AR	1836	Arkansas	Little Rock
CA	1850	Kalifornien	Sacramento
CO	1876	Colorado	Denver
CT	1788	Connecticut	Hartford
DE	1787	Delaware	Dover
FL	1845	Florida	Tallahassee
GA	1788	Georgia	Atlanta
HI	1959	Hawaii	Honolulu
ID	1890	Idaho	Boise
IL	1818	Illinois	Springfield
IN	1816	Indiana	Indianapolis
IA	1846	Iowa	Des Moines
KS	1861	Kansas	Topeka
KY	1792	Kentucky	Frankfort
LA	1812	Louisiana	Baton Rouge
ME	1820	Maine	Augusta
MD	1788	Maryland	Annapolis
MA	1788	Massachusetts	Boston
MI	1837	Michigan	Lansing
MN	1858	Minnesota	Saint Paul
MS	1817	Mississippi	Jackson
MO	1821	Missouri	Jefferson City
MT	1889	Montana	Helena
NE	1867	Nebraska	Lincoln

NV	1864	Nevada	Carson City
NH	1788	New Hampshire	Concord
NJ	1787	New Jersey	Trenton
NM	1912	New Mexico	Santa Fe
NY	1788	New York	Albany
NC	1789	North Carolina	Raleigh
ND	1889	North Dakota	Bismarck
OH	1803	Ohio	Columbus
OK	1907	Oklahoma	Oklahoma City
OR	1859	Oregon	Salem
PA	1787	Pennsylvania	Harrisburg
RI	1790	Rhode Island	Providence
SC	1788	South Carolina	Columbia
SD	1889	South Dakota	Pierre
TN	1796	Tennessee	Nashville
TX	1845	Texas	Austin
UT	1896	Utah	Salt Lake City
VT	1791	Vermont	Montpelier
VA	1788	Virginia	Richmond
WA	1889	Washington	Olympia
WV	1863	West Virginia	Charleston
WI	1848	Wisconsin	Madison
WY	1890	Wyoming	Cheyenne

Mit der amerikanischen Unabhängigkeitserklärung (*Declaration of Independence*) vom 4. Juli 1776 vom Königreich Großbritannien entstanden dreizehn unabhängige Staaten (in Klammern die jeweiligen Unterzeichner der Deklaration):

- New Hampshire (Josiah Bartlett, William Whipple, Matthew Thornton)
- Massachusetts, das damals auch das heutige Maine mit umfasste (John Hancock, Samuel Adams, John Adams, Robert Treat Paine, Elbridge Gerry)
- Rhode Island (Stephen Hopkins, William Ellery)
- Connecticut (Roger Sherman, Samuel Huntington, William Williams, Oliver Wolcott)
- New York (William Floyd, Philip Livingston, Francis Lewis, Lewis Morris)
- New Jersey (Richard Stockton, John Witherspoon, Francis Hopkinson, John Hart, Abraham Clark)
- Pennsylvania (Robert Morris, Benjamin Rush, Benjamin Franklin, John Morton, George Clymer, James Smith, George Taylor, James Wilson, George Ross)
- Delaware (Caesar Rodney, George Read, Thomas McKean)
- Maryland (Samuel Chase, William Paca, Thomas Stone, Charles Carroll of Carrollton)
- Virginia, das damals auch das heutige West Virginia mit umfasste (George Wythe, Richard Henry Lee, Thomas Jefferson, Benjamin Harrison, Thomas Nelson, Jr., Francis Lightfoot Lee, Carter Braxton)
- North Carolina (William Hooper, Joseph Hewes, John Penn)
- South Carolina (Edward Rutledge, Thomas Heyward, Jr., Thomas Lynch, Jr., Arthur Middleton)
- Georgia (Button Gwinnett, Lyman Hall, George Walton)

Die dreizehn Staaten bildeten zunächst nur einen lockeren Staatenbund, zusammengehalten durch die Konföderationsartikel. Ein Bundesstaat entstand erst mit Inkrafttreten der Verfassung der Vereinigten Staaten am 4. März 1789. Mit diesem Jahr sind 12 der Gründungsstaaten in der Tabelle verzeichnet. Rhode Island ratifizierte die Verfassung erst 1790. Mit der Annahme der Verfassung traten die 13 Staaten die vorher unter ihnen aufgeteilten Landgewinne zwischen Appalachen und Mississippi an die Union ab, so dass dort nach und nach neue Staaten gebildet werden konnten.

Schon 1791 wurde aus einem vorher zwischen New York, New Hampshire und Massachusetts strittigen Gebiet der 14. Staat, nämlich Vermont, gebildet. 1792 wurde mit Kentucky der erste Staat westlich der Appalachen gebildet, also jenseits der in Kolonialzeiten gültigen Siedlungsgrenze für Weiße. Von 1796 bis 1819 wurden in den 1783 eroberten Gebieten die Staaten Tennessee, Ohio, Indiana, Mississippi, Illinois und Alabama gebildet. Louisiana wurde schon 1812 rund um die 1803 von Frankreich gekaufte Stadt New Orleans gebildet.

Damit und mit der 1821 erfolgenden Gründung von Missouri, dem ersten komplett westlich des Mississippi liegenden Staat, verschob sich das Gewicht zugunsten der sklavenhaltenden Bundesstaaten. Deshalb wurde 1820 aus der nordöstlichen Landreserve von Massachusetts der neue freie Staat Maine gebildet. Arkansas und Michigan als sklavenhaltender beziehungsweise freier Staat wurden kurz nacheinander aufgenommen. 1845 wurde das 1819 von Spanien gekaufte Florida Bundesstaat, ebenso Texas, das sich 1836 von Mexiko gelöst hatte (außer den 13 Gründungsstaaten der einzige, der nicht aus einem Territorium gebildet wurde, das vorher bereits den Vereinigten Staaten gehörte). Als Ausgleich für diese beiden Sklavenstaaten wurden 1846/48 Iowa und Wisconsin aufgenommen.

Nach den Goldfunden 1848 im neu erworbenen Kalifornien wuchs die Bevölkerung so schnell, dass es schon 1850 als erster Staat am Pazifik in die Union aufgenommen wurde. Mit Minnesota und Oregon wurden zwei weitere freie Staaten aufgenommen, Kansas wurde 1861 nach blutigen Kämpfen nur knapp als sklavenfreier Staat Mitglied, einer der Auslöser für den Bürgerkrieg.

1861 traten elf Südstaaten aus der Union aus, was von Präsident Abraham Lincoln als nicht zulässig betrachtet wurde und zum Bürgerkrieg führte. Die Frage, ob individuelle Staaten ein Recht zur Sezession von der Union der Vereinigten Staaten hätten, wurde bis zum Ausbruch des Sezessionskrieges diskutiert. Der Gewinn des Krieges durch die unionstreuen Nordstaaten führte zur Überzeugung, dass sie dieses Recht nicht besitzen. 1863 wurde aus dem in den Appalachen gelegenen Teil des abtrünnigen Virginia ein neuer Staat gebildet, West Virginia. Im Westen wurde 1864 Nevada aufgenommen.

Von 1867 bis 1890 wurde fast der ganze Westen in Staaten organisiert. Colorado wurde 1876, genau 100 Jahre nach Unterzeichnung der Unabhängigkeitserklärung, ein eigener Bundesstaat und trägt daher den Spitznamen *Centennial State*. Das Indianer-Territorium wurde 1907 als Oklahoma ebenfalls Staat, als letzte der 48 territorial zusammenhängenden Staaten wurden 1912 Arizona und New Mexico in die Union aufgenommen.

Im Januar 1959 wurden das 1867 von Russland gekaufte Alaska sowie im August 1959 das 1898 annektierte Hawaii (erster Staat außerhalb des Kontinents Amerika) als bisher letzte Staaten Mitglieder der Union (*siehe auch: 51. Bundesstaat* sowie *Continental United States*).

Nicht als Staat organisiert ist der Regierungsbezirk mit der Bundeshauptstadt Washington D.C.. Deren Einwohner nehmen nicht an den Wahlen zum Kongress teil, wählen aber den Präsidenten mit. Die Nördlichen Marianen und Puerto Rico sind wie oben erwähnt Commonwealth-Territorien. Ihre Einwohner zählen als amerikanische Bürger, sind aber zu den Bundesorganen nicht wahlberechtigt, solange sie nicht in einem der Staaten ihren Wohnsitz nehmen. Die Bevölkerung Puerto Ricos hat sich in Volksabstimmungen mehrfach gegen die Aufnahme in die Union als Staat ausgesprochen.

Beziehung zum Gesamtstaat

Es gibt eine klare Trennung der Machtbefugnisse zwischen den Bundesstaaten und dem Bund: Entsprechend der Verfassung besitzt der Bund nur jene gesetzgeberischen Kompetenzen, die ihm durch die Verfassung eindeutig übertragen wurden, der Rest fällt in die Zuständigkeit der Bundesstaaten. Jeder Bundesstaat hat ein eigenes unabhängiges politisches System mit einer eigenen Verfassung, einem direkt gewählten Gouverneur, einer Legislative, einer staatlichen Verwaltung und einer eigenen Judikative. Im Gegensatz zur Bundesebene sind die meisten Parlamente der Einzelstaaten als Feierabendparlamente konzipiert. Die Tagungen werden auf wenige Wochen im Jahr konzentriert.[1]

Die Bundesstaaten unterhalten ebenso eigene Polizeien und eigene Streitkräfte in Form von Milizen und Nationalgarden.

Adressierkürzel der amerikanischen Post

- Staaten: zweibuchstabige Kürzel *(siehe die obige Tabelle)*
- Bundesdistrikt: DC = District of Columbia
- Inselterritorien: AS = American Samoa, GU = Guam, MP = Northern Mariana Islands, PR = Puerto Rico, VI = U.S. Virgin Islands
- Freie assoziierte Staaten: FM = Federated States of Micronesia, MH = Marshall Islands, PW = Palau
- Militärregionen: AF = Armed Forces Africa, AA = Armed Forces Americas (except Canada), AC = Armed Forces Canada, AE = Armed Forces Europe, AM = Armed Forces Middle East, AP = Armed Forces Pacific, APO = Army/Air Force Post Office, FPO = Fleet Post Office
- abgeschaffte Kürzel: CZ = Canal Zone, TT = Trust Territory of the Pacific Islands

Listen und Übersichten zu den Bundesstaaten

- alphabetisch
- nach Einwohnerzahl
- nach Fläche
- Spitznamen
- Staats- und Territorienmottos
- Staatssymbole
- Flaggen und Siegel

Literatur

- Jörg Annaheim: *Die Gliedstaaten im amerikanischen Bundesstaat. Institutionen und Prozesse gliedstaatlicher Interessenwahrung in den Vereinigten Staaten von Amerika.* Duncker und Humblot, Berlin 1992, ISBN 3-428-07441-6.
- Daniel Elazar: *American Federalism. A View from the States.* 3. Auflage. Harper & Row, New York 1984, ISBN 0-06-041884-2.
- Christoph M. Haas: *Die Regierungssysteme der Einzelstaaten.* In: Wolfgang Jäger, Christoph M. Haas, Wolfgang Welz (Hrsg.): *Regierungssystem der USA. Lehr- und Handbuch.* 3. Auflage. München 2007, ISBN 978-3-486-58438-7, S. 459–496.
- Wolfgang Welz: *Die bundesstaatliche Struktur.* In: Wolfgang Jäger, Christoph M. Haas, Wolfgang Welz (Hrsg.): *Regierungssystem der USA. Lehr- und Handbuch.* 3. Auflage. Oldenbourg, München 2007, ISBN 978-3-486-58438-7, S. 69–98.

Einzelnachweise

[1] Birgitt Oldopp 2005: *Das politische System der USA*, S. 33f.

Weblinks

- Hochaufgelöste Karte der US-Bundesstaaten und der jeweiligen Hauptstädte. Quelle: nationalatlas.gov (PDF; 1,1 MB) (http://www.nationalatlas.gov/printable/images/pdf/outline/states_capitals.pdf) (englisch)
- Hochaufgelöste Karte der historischen Entwicklung der USA. Quelle: nationalatlas.gov (PDF; 1,9 MB) (http://www.nationalatlas.gov/printable/images/pdf/territory/pagetacq3.pdf) (engl.)
- State Government (http://www.usa.gov/Agencies/State_and_Territories.shtml), USA.gov
- State Government and Politics (http://www.lib.umich.edu/government-documents-center/explore/browse/state-government/259/search/), University of Michigan Library Documents Center
- State Agency Databases (http://wikis.ala.org/godort/index.php/State_Agency_Databases), American Library Association

mrj:Америкын Ушымы Штатвлӓн штатвлӓжӹ

Vereinigte_Staaten

United States of America
Vereinigte Staaten von Amerika

Flagge	Wappen

Wahlspruch:
E Pluribus Unum (aus vielen Eins)
In God We Trust (Auf Gott vertrauen wir, seit 1956)

Amtssprache	auf Bundesebene keine Sprache als Amtssprache benannt, de facto Englisch. In 31 Bundesstaaten ist Englisch als offizielle Amtssprache gesetzlich festgelegt,[1] teilweise neben anderen Sprachen.
Hauptstadt	Washington, D.C.
Staatsform	Präsidiale Bundesrepublik
Staatsoberhaupt und Regierungschef	Präsident Barack Obama
Fläche	9.629.091 (UN 2007)[2] km²
Einwohnerzahl	311.484.627 (4. Juni 2011)[3]
Bevölkerungsdichte	32 Einwohner pro km²

Bruttoinlandsprodukt	2009
• Total (nominal) • Total (PPP) • BIP/Einw. (Nominal) • BIP/Einw. (PPP)	• 14.256 Mrd. US$ (1.) • 14.256 Mrd. US$ (1.) • 46.381 US$ (9.) • 46.381 US$ (6.)
Staatsverschuldung	15.042 Mrd. US$[4] (24. November 2011)
Human Development Index	(4.) 0,902[5]
Währung	1 US-Dollar (USD, $) = 100 Cent (¢)
Gründung	1787/89 (Verfassung)
Unabhängigkeit	4. Juli 1776 (von Großbritannien)
Nationalhymne	The Star-Spangled Banner
Nationalfeiertag	4. Juli (Independence Day)
Zeitzone	UTC−5 bis UTC−10
Kfz-Kennzeichen	USA
Internet-TLD	.us, .gov, .mil, .edu
Telefonvorwahl	+1 (siehe NANP)

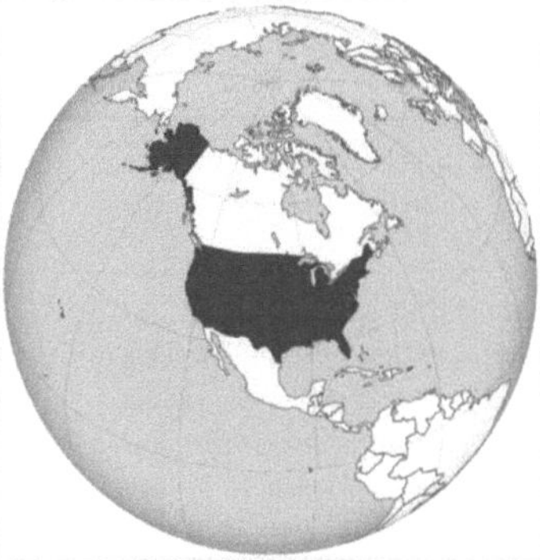

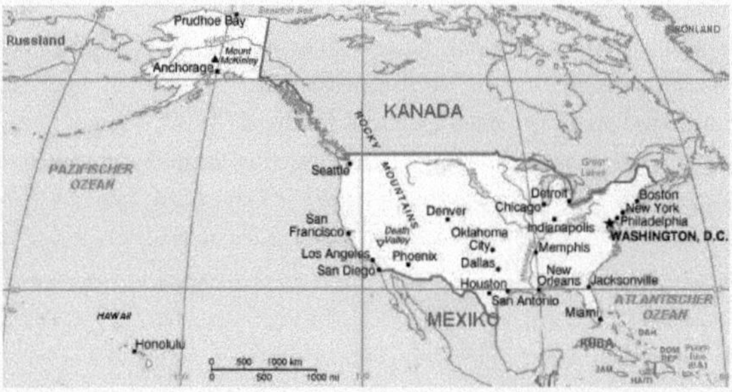

Die **Vereinigten Staaten** (engl. *United States*, kurz **U.S.**), in amtlicher Langform **Vereinigte Staaten von Amerika** (engl. *United States of America*; abgekürzt **USA**), nichtamtlich auch **Amerika** (engl. *America*), sind ein Staat in

Nordamerika, der 50 Bundesstaaten umfasst. Mit Hawaii und kleineren Außengebieten haben die USA auch Anteil an Ozeanien. Die Hauptstadt ist Washington, D.C., größte Stadt ist New York.

Die Vereinigten Staaten sind der drittgrößte Staat der Erde sowohl gemessen an der Fläche (nach Russland und Kanada) als auch an der Bevölkerung (nach China und Indien). Eine formale Amtssprache gibt es nicht, doch herrscht Englisch (*siehe dazu auch* Amerikanisches Englisch) vor; im Südwesten ist zusätzlich Spanisch verbreitet.

Die Vereinigten Staaten gingen aus den dreizehn Kolonien hervor, die sich 1776 unabhängig vom Mutterland Großbritannien erklärten und sich 1787 ihre an aufklärerischen Prinzipien orientierte bundesstaatliche Verfassung gaben. Durch territoriale Expansion in Nordamerika und eine kontinuierliche Einwanderung vor allem aus Europa gewannen die USA seit Ende des 19. Jahrhunderts an weltpolitischem Einfluss. In den beiden Weltkriegen nahmen sie eine zentrale Rolle ein. Seit dem Zerfall der Sowjetunion gelten die Vereinigten Staaten als einzige verbliebene Supermacht.

Geographie

Grenzen und Ausdehnung

Satellitenbild der 48 Zentralstaaten der USA

Die USA haben eine gemeinsame Grenze mit Kanada, die insgesamt 8.895 km lang ist (wobei sich allein 2.477 km zwischen Alaska und Kanada erstrecken), und eine mit Mexiko, die 3.326 km lang ist. Die Gesamtlänge der US-Landesgrenzen beträgt 12.221 km. Die Küstenlinie an Atlantik, Pazifik und Golf von Mexiko umfasst insgesamt 19.924 km.

Der Staat umfasst eine Landfläche von 9.161.924 km^2, hinzu kommen 664.706 km^2[6] Wasserflächen, so dass sich ein Staatsgebiet von 9.826.630 km^2 ergibt.

Die Nord-Süd-Ausdehnung zwischen der kanadischen und der mexikanischen Grenze beträgt etwa 2.500 km, die Ausdehnung zwischen Atlantik und Pazifik rund 4.500. Der Hauptteil des Landes liegt etwa zwischen dem 24. und 49. nördlichen Breitengrad und zwischen dem 68. und 125. westlichen Längengrad und ist in vier Zeitzonen eingeteilt (siehe Zeitzonen in den Vereinigten Staaten).

Klimazonen der USA

Geologie und Landschaftsgliederung

Das Gebiet weist eine deutliche Gliederung auf. So erstrecken sich Gebirgszüge wie die vulkanische Kaskadenkette, die Faltengebirge der Rocky Mountains und der Appalachen von Nord nach Süd. Während auf ihrer Wetterseite ausgedehnte Wälder bestehen, erstrecken sich in ihrem Windschatten riesige Trockengebiete mit Wüsten- oder Graslandschaften (Prärien). Die Flusssysteme der Vereinigten Staaten, wie die des Mississippi und Missouri ermöglichten schon früh eine dichte Besiedlung, während die umgebenden trockenen Regionen bis heute dünn besiedelt sind.

Klima

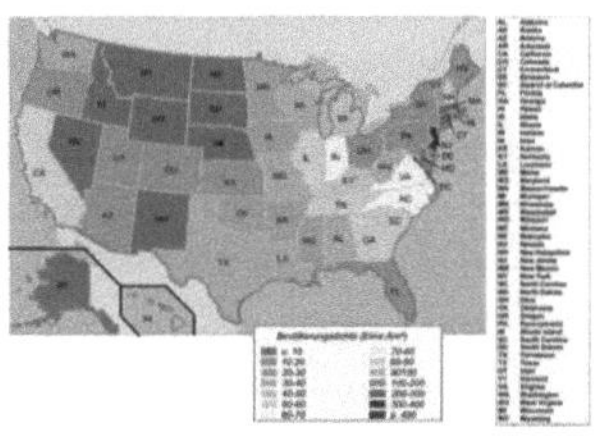

Bevölkerungsdichte

Wichtigster Einflussfaktor des Klimas ist der polare Jetstream (Polarfrontjetstream), der umfangreiche Tiefdruckgebiete vom Nordpazifik bringt. Verbinden sich die Tiefs mit denjenigen von der atlantischen Küste, bringen sie im Winter als Nor'easters schwere Schneefälle. Da kein Gebirgszug westostwärts verläuft, bringen Winterstürme oftmals große Schneemengen weit in den Süden, während im Sommer die Hitze weit nordwärts bis nach Kanada reicht.

Die Gebiete zwischen den Gebirgszügen weisen dementsprechend hohe Temperaturextreme auf, dazu eine mehr oder minder große Trockenheit, die nach Süden und Westen zunimmt. Die Pazifikküste hingegen ist im Norden ein sehr regenreiches, häufig nebliges Gebiet. Das Gebiet um den Golf von Mexiko ist bereits subtropisch mit hohen Temperaturen im Sommer und häufig hoher Luftfeuchtigkeit. Zudem wird das Gebiet häufig von tropischen Wirbelströmen erreicht.

In Alaska herrscht arktisches Klima, die Gebirge sind zugleich die höchsten der USA (Mount McKinley, 6195 m). Hawaii, dessen Mauna Kea 4.205 m hoch ist, weist hingegen tropisches Klima auf.

Flora und Fauna

Die Gebiete an der Ostküste bis zu den Großen Seen waren bis ins 19. Jahrhundert sehr stark bewaldet, die Westküste im Bereich des gemäßigten Regenwalds von mitunter extrem hohen Bäumen mit Wuchshöhen von über 100 m. Von diesen Flächen sind nur wenige, wie die Redwoods oder der Hoh-Regenwald geblieben. Große Flächen wurden zu Ackerland umgewandelt oder bebaut, den überwiegenden Teil nehmen heute Nutzwälder ein. Die Artenvielfalt der trockeneren Graslandschaften wurde im Zuge der landwirtschaftlichen Nutzung ebenfalls stark reduziert. Schutzgebiete und -maßnahmen führten jedoch dazu, dass viele der über 17.000 Gefäßpflanzenarten gerettet werden konnten. Allein Hawaii weist 1.800 Blütenpflanzen (Bedecktsamer) auf, von denen zahlreiche endemisch sind.[7]

Rund 400 Säugetier-, 750 Vogel- und 500 Reptilien- und Amphibienarten sowie weit über 90.000 Insektenarten bilden einen Teil der Fauna,[8] wobei seit 1973 ein eigenes Gesetz bedrohte Arten schützt. 58 Nationalparks und mehrere hundert weitere Schutzgebiete weisen überwiegend eine starke Artenvielfalt auf, die in deutlichem Kontrast zu den weitverbreiteten Monokulturen steht.

Ballungsräume

Fast 80 % der Amerikaner lebten im Jahr 2000 in städtischen Gebieten.[9] 2006 hatten 254 Orte mehr als 100.000 Einwohner und es gab 50 Metropolregionen mit mehr als einer Million Einwohnern (bei nur neun Städten). Die größten Metropolregionen waren 2006 New York (18,6 Millionen), Los Angeles (13), Chicago (9,5), Dallas (6), Philadelphia (5,8), Houston (5,5) und Phoenix (4). Die Hauptballungsräume lagen zwischen New York und den Großen Seen, in Kalifornien und Arizona sowie in Texas und in geringerem Maße in Florida.

Bevölkerung

Demographische Struktur und Entwicklung, Ethnien

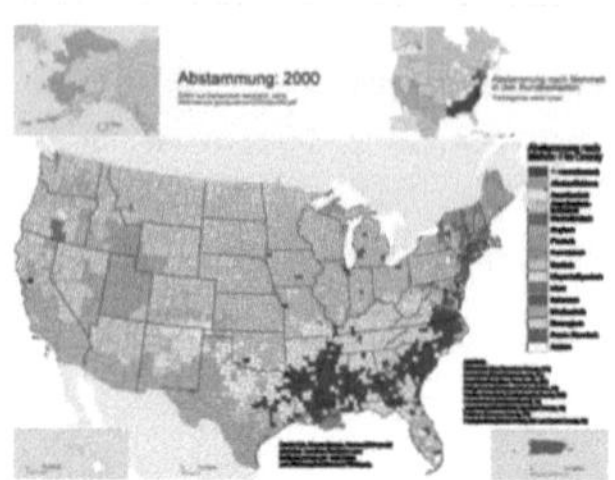
Abstammung der Bürger

Die ersten kolonialen Einwanderer auf dem von Indianern besiedelten Kontinent waren Europäer, zunächst vorrangig spanischer, französischer und englischer Herkunft. Ab Mitte des 18. und verstärkt zur Mitte des 19. Jahrhunderts folgten Europäer deutschsprachiger und irischer Herkunft. Später kamen Einwanderer aus anderen Regionen Europas, vor allem aus Italien, Skandinavien und Osteuropa dazu, einschließlich osteuropäischer Juden. Während der Volkszählung im Jahr 2000 gaben etwa 42,8 Millionen Personen eine deutsche Herkunft an.[10]

Die Amerikaner mit europäischen Vorfahren bilden heute 74 % der Gesamtbevölkerung. Afroamerikaner, mehrheitlich Nachfahren afrikanischer Sklaven, stellen etwas mehr als 13 %. Sie leben vor allem im Süden und in den großen Industriestädten des Nordens. Asiatische Einwanderer, zu großen Teilen aus China, Japan, Korea, Indien und den Philippinen, stellen rund 4 %. Die Einwanderungspolitik war Anfang des 20. Jahrhunderts gegenüber Asiaten besonders restriktiv.

Es bestehen große Unterschiede in der Sozialstruktur zwischen weißer und schwarzer Bevölkerung. Schwarze haben im Durchschnitt ein geringeres Einkommen, eine kürzere Lebenserwartung und eine schlechtere Ausbildung. Sie sind sowohl häufiger Opfer als auch Täter in einem Tötungsdelikt und werden häufiger zum Tode verurteilt. Die Ursachen dafür und mögliche Wege der Problembehebung sind umstritten. Nicht nur in den Südstaaten sind Wohngegenden und nicht-öffentliche Einrichtungen – wie Kirchen oder private Organisationen – oft faktisch nach Ethnien getrennt, wenn auch die formale Trennung inzwischen ungesetzlich und verpönt ist.

Vor allem im Südwesten der USA und in Florida gibt es einen hohen Bevölkerungsanteil lateinamerikanischer Herkunft, die dort pauschal als „Hispanics“ oder „Latinos“ bezeichnet werden. Ihr Anteil wuchs in den letzten Jahrzehnten stetig (bis 2004 auf knapp 13 %), da viele Lateinamerikaner vor wirtschaftlicher Not in den Norden fliehen. Sie leben oft als illegale Einwanderer und halten stark an ihrer Kultur und Sprache fest.

Die Indianer („Native Americans“ oder „American Indians“) stellen heute nur noch rund 1 % der Bevölkerung. Nur in Alaska erreichen sie einen zweistelligen Prozentanteil an der Bevölkerung. Weitere Schwerpunkte bilden Kalifornien, Arizona, New Mexico, South Dakota und Oklahoma. Insgesamt gibt es 562 anerkannte Stämme, hinzu kommen 245 Gruppen, die derzeit nicht als Stamm (*tribe*) anerkannt sind.

Sprachen

Die meistgesprochene Sprache der USA ist amerikanisches Englisch. Daneben werden noch viele Sprachen der Indianer bzw. Hawaiier und die Sprachen von Immigranten gesprochen. Besonders hoch ist der Spanisch sprechende Anteil, wobei viele Einwanderer nur ihre spanische Muttersprache sprechen und zunehmend eigene Viertel in Städten bewohnen (zum Beispiel East Los Angeles). In Kalifornien beträgt ihr Anteil rund 30 %, wobei viele von ihnen zweisprachig sind. Etwa 30 bis 40 Millionen leben in den USA, viele ohne gültige Aufenthaltstitel. Während es im 19. Jahrhundert viele Zeitungen in deutscher Sprache gab, ist Spanisch die Sprache, in der heute Zeitungen am zweithäufigsten erscheinen.

Neben Deutsch (→ Deutschamerikaner) sind auch Französisch, Chinesisch, Koreanisch, Vietnamesisch und Polnisch verbreitet. Vor allem in Fällen, wo die Vermischung mit der übrigen Bevölkerung gering ist, wird die mitgebrachte Sprache in den folgenden Generationen beibehalten (zum Beispiel von den *Amischen* in Pennsylvania, Ohio, Indiana und Illinois).

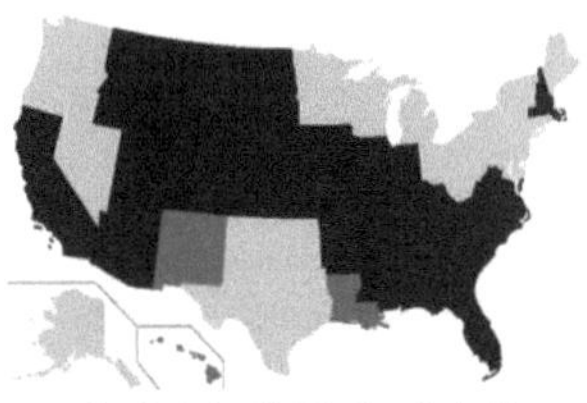
Englisch als offizielle Sprache in 30 Bundesstaaten, Hawaii akzeptiert Hawaiisch. Louisiana übersetzt ins Französische, New Mexico ins Spanische. In vielen Staaten, wie etwa Alaska, müssen noch Gerichte darüber entscheiden.

Trotz gewisser Vorzüge einer gemeinsamen Sprache haben die USA keine einheitliche Amtssprache festgelegt. Alle amtlichen Schriftstücke werden jedoch auf Englisch verfasst. In dreißig Bundesstaaten ist Englisch Amtssprache; einzelne Staaten und Territorien definieren sich als zwei- oder dreisprachig, wie etwa Hawaii, Guam oder Puerto Rico. Zunehmend werden Dokumente und Beschilderungen ins Spanische übersetzt, jedoch bleibt dieses Phänomen meist regional beschränkt. Knapp 18 % der Amerikaner sprachen im Jahr 2006 zuhause nicht Englisch, 10 % gaben bei der Volksbefragung 2000 Spanisch als Muttersprache an.

1847 gestattete ein Gesetz Französischunterricht in Louisiana, 1849 erkannte die kalifornische Verfassung Spanisch an. Mit dem Sezessionskrieg verschwanden die Rechte der Frankophonen, 1868 empfahl man die Unterrichtung der Indianer auf Englisch, 1896 sollte das auch auf Hawaii gelten. Ab 1879 wurden kalifornische Gesetze nur noch auf Englisch veröffentlicht, während des Ersten Weltkriegs wurde der Gebrauch des Deutschen eingeschränkt. Einzelne Staaten, wie Virginia 1981 und Kalifornien 1986, erklärten Englisch zur offiziellen Sprache.

Am 8. Mai 2007 wurde dem Senat eine Resolution vorgelegt, nach der Englisch zur „Nationalsprache“ erklärt werden sollte.[11] Dieses Vorhaben scheiterte ebenso wie 2009 in Nashville der Versuch, Englisch zur offiziellen Verwaltungssprache zu machen (mit gewissen Ausnahmen in den Bereichen Gesundheit und Sicherheit).[12]

Religion

Die Regierung führt kein Register über den Religionsstatus der Einwohner. Das *United States Census Bureau* darf selbst keine Fragen zur Religionszugehörigkeit stellen, veröffentlicht aber die Ergebnisse anderer Umfragen.[13] In einer Umfrage der City University of New York 2001 bezeichneten sich rund 52 % der Bevölkerung als protestantisch, 24,5 % als römisch-katholisch, 14,2 % gaben keine religiöse Überzeugung an (rund 5,4 % waren explizit Atheisten oder Agnostiker), 3 % waren Mitglied einer orthodoxen Kirche, 2 % waren Mormonen, 1,4 % Juden[14] und 0,5 % Muslime. Kleinere Gruppen, je 0,3 bis 0,5 %, bezeichneten sich als Buddhisten (0,5 %), Hindus (0,4 %), Adventisten, Zeugen Jehovas oder hingen dem Unitarismus (0,3 %) an.[15] Die größte einzelne Konfession ist die Römisch-Katholische Kirche, gefolgt von der *Southern Baptist Convention,* der *United Methodist Church* und den Mormonen. 4,8 Millionen Mitglieder weist die Evangelical Lutheran Church in America auf.

82 % der Amerikaner bezeichneten sich 2008 als „religiös“, 55 % als „sehr religiös“. Diese Werte sind etwa mit Mexiko vergleichbar. Dabei sind Frauen wesentlich religiöser als Männer. 54 % beten mindestens einmal am Tag, ein Wert, der in Polen bei 32, in der Türkei bei 42 und in Brasilien bei 69 % liegt.[16]

Gesellschaftsstruktur

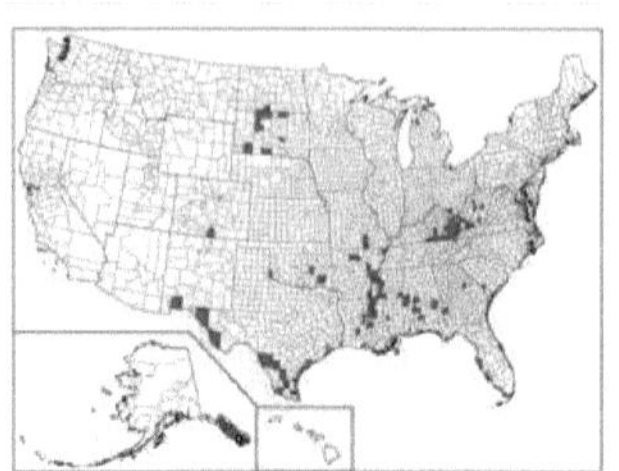

Die Verteilung der ärmsten Haushalte in den USA

Laut Soziologen wie Dennis Gilbert vom *Hamilton College* bestand die Gesellschaft 1998 aus sechs sozialen Klassen mit einem bestimmbaren Anteil an der Gesamtbevölkerung: einer Oberklasse (etwa 1 %), die aus den prominentesten, wohlhabendsten und mächtigsten Bürgern besteht; einer oberen Mittelklasse (etwa 15 %), die aus hochqualifizierten Berufstätigen wie Ärzten, Professoren, Anwälten besteht; einer unteren Mittelklasse (etwa 32 %), die aus gut ausgebildeten Berufstätigen wie Schullehrern und Handwerkern besteht; einer Arbeiterklasse (etwa 32 %), die aus Industriearbeitern und Lohnarbeitern (Blue-Collars) sowie einfachen Angestellten besteht, deren Arbeit sehr routiniert ist; und schließlich einer Unterklasse (etwa 20 %), die in zwei Gruppen zerfällt. Ihre obere Gruppe besteht aus den „Working Poor", den arbeitenden Armen, die in schlecht bezahlten Jobs ohne Versicherung oder nur Teilzeit arbeiten. Die untere Gruppe arbeitet nicht und ist auf die – in den USA sehr geringfügige – öffentliche Wohlfahrt angewiesen (*unemployed poor*).

Auffällig ist dabei, dass diese Unterschichten meist in bestimmten Stadtvierteln der Großstädte leben, während die Mittelklasse in die *suburbs*, die Vororte ausgewichen ist. Der Armenanteil unter den Schwarzen und Hispanics ist überproportional hoch (etwa 30 %).[17]

Zwischen 1977 und 1999 stiegen die Einkommen im reichsten Hundertstel der Bevölkerung nach Steuerabzug um 115 %. Die Reallöhne für 60 % der Arbeitnehmer sind in dieser Zeit um 20 % gefallen. Die Zahl der Amerikaner, die in Armut leben, ist 2002 um 1,7 Millionen Menschen auf insgesamt 34,6 Millionen gestiegen. Die Zahl der in extremer Armut lebenden (weniger als die Hälfte der offiziellen Armutsgrenze), stieg von 13,4 Millionen 2001 auf 14,1 Millionen im Jahr 2002 an. Die Armuts- und auch die Kinderarmutsrate variieren stark zwischen ethnischen Gruppen. Im Jahr 2009 waren 7,1 Millionen (18,7 Prozent) der Menschen über 65 Jahre von Armut betroffen.[18] Insgesamt lässt sich konstatieren, dass sich die Kluft zwischen den Ärmsten und der Spitze der Gesellschaft in den letzten Jahren dramatisch geöffnet hat: Die Oberklasse, also das obere 1 % der Bevölkerung besaß 2009 nach Schätzung des Levy Economics Institute des Bard College (USA) 37,1 % des Gesamtvermögens der USA, das ist ein Zuwachs von 3,7 % gegenüber 2001. Den unteren 80% der Bevölkerung gehören dagegen nur 12,3 % des Gesamtvermögens, was einer Abnahme von 3,3 % für denselben Zeitraum entspricht.[19]

2010 gab es laut *Forbes* in den Vereinigten Staaten 412 Milliardäre (36% aller Milliardäre der Welt), womit die USA das Land mit den meisten Milliardären der Welt sind.[20] Das reichste Prozent der Bevölkerung erzielte 2005 mit 524 Milliarden Dollar ein Einkommen, das um 37 % höher lag als das der ärmsten 20 % der Bevölkerung (383 Milliarden Dollar).[21]

Einwanderung und Einwanderungspolitik

Von 1951–1960 wanderten jährlich 2,5 Millionen Menschen ein, von 1971 bis 1980 4,5 Millionen und in den 1990ern über 10 Millionen.[22] 2003 erhielten 463.204 Menschen die US-Staatsbürgerschaft, 1997 bis 2003 lag der Durchschnitt bei etwa 634.000.

Schon 1790 regelten die USA die Einwanderung mit dem *Naturalization Act*, einem Gesetz, das die Zuwanderung aus Europa fördern sollte, Schwarze und Unfreie jedoch ausschloss und einen „guten moralischen Charakter" verlangte. 1882 schloss man Chinesen mit dem Chinese Exclusion Act explizit aus, eine Regelung, die 1943 leicht abgewandelt wiederholt wurde. 1891 entstand eine Einwanderungskommission, die jährlich Länderquoten festlegte.

1921 regelte der Emergency Quota Act erstmals die Einwanderung so, dass Nord- und Westeuropäer bevorzugt wurden, indem man ihren Bevölkerungsanteil entsprechend der Volkszählung einfror – eine Tendenz, die mit dem

Immigration Act von 1924 verfestigt wurde.[23]

Erst ab 1965 wurde der Zeitpunkt der Antragstellung und die Weltregion berücksichtigt, dazu kamen Fälle der Familienzusammenführung. Seit 1978 gilt für die Einwanderung in die USA eine einheitliche Quote. 1970 waren noch 62 % der im Ausland geborenen Amerikaner Europäer, doch sank dieser Anteil bis 2000 auf 15 %.[24]

Inzwischen sind die Hispanics die größte Minderheit; von den 35,2 Millionen des Jahres 2000 stammten allein 20 Millionen aus Mexiko.[25] Die Schätzungen über die illegalen Einwanderer schwanken zwischen 7 und 20 Millionen,[26] die meisten schätzen ihre Zahl auf rund 12 Millionen.[27] Pro Jahr überqueren Zehntausende illegal die Südgrenze. Die staatliche Kommission für Menschenrechte in Mexiko gab an, dass allein 2007 500 Illegale beim Versuch, die Grenze zu überqueren, ums Leben kamen – häufig durch Verdursten. 1995 bis 2007 seien es 4700 Mexikaner gewesen.[28]

Um die illegale Einwanderung aus Mexiko zu bekämpfen, unterzeichnete Präsident Bush im Oktober 2006 ein Gesetz, das die Errichtung einer 1100 Kilometer langen Grenzbefestigung vorsah. [29] Zudem wurde die Unterstützung illegaler Einwanderer strafbar.

Schon 1954 hatte die Regierung versucht, mit der *Operation Wetback* 1,2 Millionen Hispanics abzuschieben – wobei sich das Schimpfwort „Wetback“ (deutsch *Nassrücken*) von den Mexikanern ableitete, die durch den Rio Grande geschwommen waren.[30] 1965 wurde die mexikanische Einwanderung eingeschränkt, mit dem *Immigration Reform and Control Act* von 1986 wurden erstmals illegale Einwanderer legalisiert.

Kriminalität und Justiz

Laut des US Census Bureau verzeichnet die Kriminalitätsrate in den Vereinigten Staaten seit einigen Jahren eine leichte Zunahme. Lag sie 2004 bei 463 und 2005 bei 469 gewalttätigen Straftaten pro 100.000 Einwohner, so stieg sie im Jahre 2006 auf 474 an. Damit liegt die Kriminalitätsrate jedoch niedriger gegenüber dem Jahr 2000, in dem sich 507 gewalttätige Straftaten pro 100.000 Einwohner ereigneten. Die Anzahl der vorsätzlichen Tötungen, also Mord und Totschlag zusammengefasst, liegt seit 2000 stabil zwischen 16.000 und 17.000 pro Jahr.[31]

Die USA haben weltweit sowohl absolut als auch relativ zur Bevölkerung die größte Gefängnispopulation.[32] 2008 befanden sich über 2,4 % der Bevölkerung der USA entweder im Gefängnis (2,3 Millionen) oder sie waren zur Bewährung (4,3) oder zur Haftaussetzung (0,828) auf freiem Fuß.[33] Bis zum Jahr 2011 stieg die Zahl der Gefangenen auf über 2,4 Millionen.[34] Damit stehen die Vereinigten Staaten im Verhältnis von Gefängnisinsassen zur Einwohnerzahl mit Abstand weltweit an der Spitze. Die Kriminalitätsrate blieb hingegen zunächst konstant und nahm später sogar ab.

Während der 60er Jahre war der Anteil der Strafgefangenen um etwa ein Prozent jährlich gesunken und erreichte 1975 mit 380.000 seinen Tiefststand. Seit etwa 1980 stiegen die Zahlen deutlich an, so dass es 1985 bereits 740.000 gab, und Ende 1998 gar zwei Millionen.

Zwei Drittel der Strafgefangenen stammen dabei aus Haushalten, die weniger als die Hälfte der als Armutsschwelle definierten Einkommen zur Verfügung hatten.[35] [36] [37]

2000 waren in den USA 133.610 Personen unter 18 Jahren in Haftanstalten und Jugendhaftanstalten untergebracht. Die Strafmündigkeit setzt in den Vereinigten Staaten weitaus früher ein als in Deutschland. In vielen Bundesstaaten können bereits 7-Jährige beim Verstoß gegen ein Strafgesetz zur Verantwortung gezogen werden, in den meisten 11-jährige.[38] 2005 wurden 1.403.555 Unter-18-Jährige verhaftet.[39] 2003 war es in 33 Bundesstaaten möglich, geisteskranke Kinder und Jugendliche auch dann in Haft unterzubringen, wenn diese nicht gegen das Strafrecht verstoßen hatten.[40]

Lateinamerikaner, Indianer und Afroamerikaner haben einen Anteil von 26 % an der Gesamtbevölkerung, stellen aber mehr als 60 Prozent der Häftlinge. Die Afroamerikaner, 12,8 Prozent der Gesamtbevölkerung, stellen die Hälfte der Gefängnisinsassen und werden unverhältnismäßig hoch bestraft. 95 % aller wegen Kapitalverbrechen Angeklagten sind zu arm, um sich eine adäquate Verteidigung zu leisten.[34]

Im Gegensatz zu fast allen anderen Staaten der westlichen Welt wird in zahlreichen Bundesstaaten der USA die Todesstrafe vollstreckt, was seit Jahren umstritten ist, auch in den USA selbst. Insgesamt 16 Bundesstaaten haben die Todesstrafe abgeschafft, zuletzt Illinois. Das entsprechende Gesetz wurde am 9. März 2011 vom Gouverneur von Illinois, Pat Quinn, unterzeichnet[41] und trat am 1. Juli 2011 in Kraft.[42] In den übrigen Bundesstaaten kommt es weiterhin monatlich zur Vollstreckung von Todesurteilen, selbst an Menschen mit geistigen Behinderungen und solchen, die zum angeklagten Tatzeitpunkt minderjährig waren. In den Todeszellen befinden sich mehr als 3200 Männer und Frauen, fast 42 % sind Afroamerikaner, bei einem Bevölkerungsanteil von 12,8 %.[34]

Frauenbewegung

Soziale Bewegungen wie die Neue Linke, die Bürgerrechtsbewegung und vor allem die Frauenbewegung rückten Ungleichheiten ins öffentliche Bewusstsein und erreichten rechtliche Angleichungen. Beeinflusst vom Erfolg der Bürgerrechtsbewegung für mehr Gleichheit unter den Ethnien und anderen Strömungen drängte eine Vielzahl von Organisationen und Lobbyisten darauf, volle Gleichberechtigung zu erzielen. Dieses Anliegen forderte eine grundsätzliche Revision von Institutionen, Sitten und Werten, ebenso wie im Selbstverständnis der Frauen.

In Neuengland brachte die unter den frühen Siedlern herrschende strenge Familienordnung der Puritaner eine klare Unterordnung der Frau unter den Mann zur Geltung. Das galt umso mehr für die schwarzen Sklavinnen und auch für die katholischen Frauen des spanischen Südwestens. Frauen waren weder voll rechtsmündig, erbberechtigt, noch wahlberechtigt, und eine einmal geschlossene, meist von den Eltern verabredete Ehe war nur schwer zu scheiden.

Die amerikanische Revolution brachte insofern eine Veränderung, als angeborene Rechte nun weniger die Stellung in der Gesellschaft bestimmten, als bürgerlich-republikanische Tugenden. Damit kam der Mutter eine staatsbürgerliche Erziehungsfunktion zu. Hinzu kam, dass romantische Ideen der Liebe Raum gewannen, insbesondere in den Städten. Während des Sezessionskrieges führten zahlreiche Frauen in Abwesenheit ihrer Männer Haushalte und Betriebe und sammelten für die Kriegsführung.

Frauen wie Lucretia Mott sahen sich aus christlichen Motiven veranlasst, der Bewegung der Abolitionisten, die die Sklaverei abschaffen wollte, beizutreten und seit den 1830er Jahren tauchten Forderungen nach Gleichbehandlung auf. 1848 wurde die „Seneca Falls Declaration" beschlossen, die sich bewusst an der amerikanischen Unabhängigkeitserklärung orientierte und die Gleichheit von Frau und Mann und somit von deren Rechten deklarierte.[43] Neben den Frauen der Antisklavereibewegung schlossen sich auch Temperenzlerinnen an, die die Metapher von der Sklaverei benutzten, um die gewalttätigen häuslichen Verhältnisse zu bezeichnen. Vor allem nach dem Sezessionskrieg kam die Forderung nach dem Wahlrecht hinzu, das Frauen erst 1919 bzw. 1920 erhielten.[44] Wie häufig in den USA verbanden sich Forderungen dieser Art mit Befreiungsideologien, sowie antikapitalistischen und antiautoritären Bewegungen, wie sie etwa Emma Goldman repräsentierten. Die Frage der Kontrolle über Sexualität und Geburt wurde diskutiert und Organisationen, wie die *American Birth Control League* (heute *Planned Parenthood*) entstanden.[45]

Im Zuge der Weltwirtschaftskrise und des Zweiten Weltkriegs erlangten Frauen Anspruch auf eine geregelte Versorgung der Hinterbliebenen von Veteranen, von Witwen und ihren Kindern. Von den 16 Millionen Soldaten waren rund 350.000 Frauen, Millionen arbeiteten zudem in der Rüstungsindustrie.

Nach dem Krieg verdrängten die Heimkehrer viele Frauen von ihren Arbeitsplätzen, viele Jobs in der Rüstungsindustrie wurden nicht mehr gebraucht, und ein Babyboom brachte eine Wiederbelebung des häuslichen Ideals. Deutlicher Widerstand gegen dieses auch in den Massenmedien verbreitete Ideal setzte in den frühen 1960er Jahren ein. Diese, häufig als zweite Welle bezeichnete Phase der Frauenbewegung, hatte allerdings stärker wirtschaftliche Fragen im Blickpunkt, und solche des Lebensstils. Auch hier vermengten sich die verschiedenen gesellschaftlichen Bewegungen, etwa die Neue Linke. Gleicher Lohn, Zugang zu Berufen und Ausbildungen, zu Empfängnisverhütung und Abtreibung, aber auch informelle Ungleichbehandlung und Gewalt rückten stärker in den Mittelpunkt. Die Strafbarkeit von Vergewaltigungen wurde auch auf die Ehe ausgedehnt (Susan Brownmiller: *Against our Will*, 1975), Frauenhäuser und Telefonnotrufe entstanden.

Auf der politischen Ebene kamen die Frauen nur langsam voran. Erst 1994 waren erstmals mehr als zwei Frauen im Senat und auch 2008 waren nur 15 % der Kongressangehörigen Frauen. 1981 war Sandra Day O'Connor die erste Richterin am Obersten Gerichtshof und im gleichen Jahr wurde Jeane Kirkpatrick von Präsident Ronald Reagan zur UN-Botschafterin ernannt. Die erste (nicht erfolgreiche) Kandidatin für das Amt der Vizepräsidentin war im Jahr 1984 Geraldine Ferraro. Madeleine Albright wurde 1993 von Präsident Bill Clinton zur UN-Botschafterin ernannt und war damit die zweite Frau, die dieses Amt innehatte. 1997 wurde Albright dann Außenministerin. 2007 wurde mit Nancy Pelosi erstmals eine Frau Sprecherin des Repräsentantenhauses. Von 2005 bis Januar 2009 war die von Präsident George W. Bush ernannte Afroamerikanerin Condoleezza Rice Außenministerin der Vereinigten Staaten. Bei der Präsidentenwahl 2008 rang eine Frau, Hillary Clinton, um das Amt des demokratischen Präsidentschaftskandidaten, und die Republikanische Partei stellte Sarah Palin als Kandidatin für das Amt der Vizepräsidentin auf. Hillary Clinton, die sich im parteiinternen Wahlkampf gegenüber Barack Obama geschlagen geben musste, ist seit dem 21. Januar 2009 Außenministerin der USA.

Geschichte

Frühgeschichte und Kolonialisierung

In Alaska reichen die ältesten gesicherten menschlichen Spuren 12 bis 14.000 Jahre zurück. Als älteste Kultur galt lange die Clovis-Kultur, doch die Funde in den Paisley-Höhlen, die rund ein Jahrtausend vor den Clovis-Funden liegen, zeigten, dass Nordamerika schon früher bewohnt war. Als älteste menschliche Überreste gelten die Relikte der über 10.500 Jahre alten Buhl-Frau aus Idaho. An diese frühe Phase, die durch den Kennewick-Mann, der genetisch nicht zu den amerikanischen Völkern passt, neu diskutiert werden musste, schloss sich die Archaische Periode an.

Zwischen 4000 und 1000 v. Chr. entwickelten sich der Gebrauch von Keramik, Ackerbau und verschiedene Formen abgestufter Sesshaftigkeit. Die Jagdtechniken wurden durch Atlatl und später durch Pfeil und Bogen wesentlich verbessert. Bevölkerungsverdichtungen traten in Nordamerika um die Großen Seen, an der pazifischen Küste um Vancouver Island, am Mississippi und an vielen Stellen der Atlantikküste sowie im Südwesten auf.

Im Einzugsgebiet der Adena- und der Mississippi-Kultur entstanden komplexe Gemeinwesen, die jedoch kurz vor Ankunft der ersten Europäer untergegangen sind. Sie strahlten bis weit in den Norden und Westen aus. Im Südwesten entstanden Lehmbausiedlungen mit bis zu 500 Räumen. Diese Pueblo-Kultur ging auf die Basketmaker zurück, die bereits Mais anbauten. Um die Großen Seen entwickelten sich befestigte Großdörfer und dauerhafte Konföderationen. Diese Gruppen betrieben, ähnlich wie im Westen, Mais- und Kürbisanbau sowie einen ausgedehnten Fernhandel – etwa mit Kupfer und bestimmten Gesteinsarten, die für Jagdwaffen und Schmuck von Bedeutung waren –, der sich in British Columbia ab 8000 v. Chr. nachweisen lässt.

Indianer leisten Abgaben an Franzosen in Florida. (Kupferstich, um 1600)

Eingeschleppte Krankheiten dezimierten die Bevölkerung in einem schwer zu bemessenden Ausmaß. Viele Gruppen verschwanden durch eingeschleppte Seuchen, ohne dass ein Europäer sie überhaupt zu Gesicht bekommen hatte. Nach dem Anthropologen Alfred Kroeber schätzte man die Bevölkerung nördlich des Rio Grande auf nur eine Million Menschen. Diese Schätzungen wurden bereitwillig aufgegriffen, da sie den Mythos aufrechterhielt, die Weißen hätten einen weitgehend menschenleeren Kontinent erobert. Das als eher vorsichtig bekannte Smithsonian Institute hat seine Schätzung für Nordamerika auf drei Millionen Menschen verdreifacht. Wie stark die Diskussion in Bewegung geraten ist, zeigt die These, die riesigen Büffelherden seien Weidetiere der Indianer gewesen, die Größe der Herden stellte demzufolge kein natürliches Gleichgewicht dar, sondern beruhte auf Übervermehrung nach dem starken Rückgang der menschlichen Population.

Trotz der nicht zu überschätzenden Wirkung der Epidemien – schon Hernando de Soto schleppte verheerende Krankheiten in das Gebiet zwischen Mississippi und Florida ein, 1775 verheerte eine Pockenepidemie die Pazifikküste – sollten die Auswirkungen der Kriege nicht unterschätzt werden. Die verlustreichsten Kriege im Osten dürften der Tarrantiner-Krieg (1607–1615), die beiden Powhatankriege (1608–1614 und 1644–1646), der Pequot- (1637), der König-Philips-Krieg (1675–1676), die Franzosen- und Indianerkriege (1689–1697, 1702–1713, 1744–1748, 1754–1763) sowie die drei Seminolenkriege (1817–1818, 1835–1842 und 1855–1858) gewesen sein. Dazu kamen die stammesübergreifenden Aufstände, die von den Häuptlingen Pontiac (1763–1766) und des Tecumseh (ca. 1810–1813) geführt wurden. Die Franzosen standen von etwa 1640 bis 1701 in den Biberkriegen, dann in vier Kriegen mit den Natchez (1716–1729), die Niederländer im Wappinger-Krieg und in den Esopuskriegen (1659–1660 und 1663–1664), die Spanier 1680 gegen die Pueblos im Südwesten und in zahlreichen weiteren Kämpfen. Im Westen der USA waren es vor allem die Kämpfe unter Cochise (1861–1874), der Sioux- (1862) und der Lakotakireg (1866–1867), oder der der Apachen unter Geronimo (bis 1886), die bekannt wurden. Ebenso bekannt wurden einzelne Schlachten, wie die am Little Bighorn oder das Massaker von Wounded Knee (1890).

Ganz andere Fernveränderungen löste der Pelzhandel aus. Dieser Handel wirkte einerseits auf die Stämme, die als Jäger und Anbieter auftraten, aber auch auf deren nahe und ferneren Nachbarn, sei es durch den Erwerb von Waffen und damit zusammenhängende Machtverschiebungen, sei es durch die Entwicklung von Handelsmonopolen der in der Nähe der Handelsstützpunkte (Forts) lagernden Stämme, sei es durch Auslösung von umfassenden Völkerwanderungen, wie durch die Irokesen. Auch wurde die Stellung der Führungsgruppen vom Pelzhandel abhängig.

Von der ersten Kolonisierungsphase bis zur Unabhängigkeit

Die erste europäische Siedlung auf dem heutigen US-Gebiet wurde im Jahr 1565 von den Spaniern in St. Augustine in Florida gegründet. Die erste englische Kolonie war Jamestown in Virginia, das 1607 entstand, kurz nachdem Franzosen eine erste Kolonie im späteren Kanada gegründet hatten. Die Ankunft des Auswandererschiffs „Mayflower" in Plymouth Colony (später mit Massachusetts Bay Colony zu Massachusetts zusammengefügt) im Jahr 1620 gilt als wichtiges symbolisches Datum. Schwedische Kolonien am Delaware und niederländische Siedlungen um New York (Nieuw Amsterdam) wurden von England übernommen.

Eine der Flaggen der Unabhängigkeitsbewegung 1775

Dauerhafte politische Bedeutung konnten außer den Briten nur Franzosen und Spanier erringen. Für Spanien hatte seine Kolonie Florida nur eine sekundäre Funktion im Vergleich zu seinen großen Besitzungen in Mittel- und Südamerika. Frankreich wiederum beschränkte sich bei der Besiedlung auf sein koloniales Kerngebiet am Sankt-Lorenz-Strom (Neufrankreich), wobei es dennoch ein starkes wirtschaftliches Interesse an seinen übrigen Territorien zwischen dem Mississippi und den dreizehn Kolonien der Briten behielt. Um die Pelzhandelswege zu decken, wurden diese ansonsten nicht von Europäern besiedelten Gebiete durch ein System von Forts und Bündnissen geschützt. Die britischen Kolonien hingegen standen unter einem hohen Einwanderungsdruck, was zu einer beständigen Verschiebung der Siedlungsgrenze nach Westen führte. Das geschah sowohl nach staatlichem Plan (durch eine einzelne Kolonie) als auch in wilder Kolonisation gegen britischen und indianischen Widerstand.

Im Franzosen- und Indianerkrieg von 1754 bis 1763 prallten die gegensätzlichen Interessen aufeinander. Der Konflikt stellte dabei einen Nebenschauplatz in der globalen Auseinandersetzung zwischen Großbritannien und Frankreich dar, dem Siebenjährigen Krieg. Die meisten Indianerstämme kämpften auf Seiten der Franzosen.

Der britischen Seite fielen im Friedensschluss von 1763 die gesamten französischen Territorien östlich des Mississippi (außer New Orleans) sowie die von Franzosen besiedelten Gebiete um Québec und Montreal zu. Spanien hatte sich im Verlauf des Krieges auf die Seite seiner französischen Verwandten geschlagen. Nach dem Krieg musste es Florida an die Briten abtreten und erhielt als Ausgleich das bisher französische Gebiet westlich des Mississippi.

George Washington auf einer 25 Cent-Münze

Die Regierung in London verlangte, dass die Kolonisten einen höheren Anteil an den Kosten der Nachkriegsordnung tragen sollten, zugleich versuchte sie, um Konflikte zu vermeiden, die wilde Siedlung nach Westen zu verhindern. Die Kolonien wehrten sich gegen die Besteuerung und argumentierten, dass diese gegen englisches Recht verstoße, wonach es „keine Besteuerung ohne politische Repräsentation" („no taxation without representation") geben dürfe. Damit erklärten die Siedler faktisch das britische Parlament für nicht weisungsberechtigt (nicht aber die Krone). Zudem verlangte das Mutterland zwar eine höhere Besteuerung, doch blockierte es die Entwicklung von wirtschaftspolitischen Instrumenten wie eine eigene Währungsemission, was zu einer finanziellen Stärkung der Kolonien notwendig gewesen wäre. Das Parlament handelte so, weil es einer amerikanischen Staatsbildung nicht Vorschub leisten wollte, schuf damit jedoch einen Widerspruch. Darüber hinaus erbitterten verschiedene als ungerecht empfundene Steuern (auf Stempel, Zucker, Tee) die Kolonisten. Es kam zu Boykotten und Widerstandsaktionen, wie der Boston Tea Party, die einen ersten Höhepunkt im Massaker von Boston fand. London stationierte schließlich mehr Soldaten, was die separatistischen Tendenzen in den dreizehn Kolonien weiter anfachte.

Ein Versuch britischer Soldaten, ein koloniales Waffenlager auszuheben, war schließlich 1775 der Auslöser des Unabhängigkeitskrieges. Ein Kontinentalkongress trat zusammen, der das militärische Oberkommando George Washington übertrug. Am 4. Juli 1776 wurde die Unabhängigkeitserklärung verkündet. Nicht zuletzt durch die militärische Unterstützung Frankreichs zwangen die Amerikaner 1783 das britische Empire zur Anerkennung ihrer staatlichen Souveränität im Frieden von Paris.

Von der Unabhängigkeit bis zum Bürgerkrieg

Die 1777 verabschiedeten und 1781 ratifizierten Konföderationsartikel hatten sich als unzureichend erwiesen, um das Überleben des jungen Staatenbundes zu gewährleisten. Daher wurde 1787 in Philadelphia die Verfassung der Vereinigten Staaten unterzeichnet, die heute die älteste noch gültige republikanische Staatsverfassung ist – abgesehen von der noch heute gültigen Verfassung der Republik San Marino aus dem Jahre 1600. Erster Präsident der Vereinigten Staaten wurde George Washington, der General des Unabhängigkeitskrieges.

Der neugegründete Staat trug an zwei Hypotheken: einerseits die weitere Landnahme zu Lasten der Indianer, andererseits die Auseinandersetzung um die Sklaverei,[46] die später den Kampf um die Bürgerrechte der Nachkommen der ehemaligen Sklaven bestimmte. Zur Zeit des Unabhängigkeitskrieges lebten etwa zwei Millionen Weiße und 500.000 versklavte Schwarze in den dreizehn Kolonien.

Durch den „Louisiana Purchase“, den Erwerb des Louisiana-Territoriums (nicht identisch mit dem heutigen Staat) 1803 verdoppelten die USA die Ausmaße des Staates. Während der europäischen Koalitionskriege war das Territorium von Spanien zurück an Frankreich gefallen, doch sah der in finanziellen Nöten steckende Napoléon keine Möglichkeit zur Wiedererrichtung des französischen Überseeimperiums und verkaufte daher das Gebiet zwischen Mississippi und Rocky Mountains für 15 Millionen Dollar. Schon seit 1803 traten die ersten Staaten aus dem Northwest Territory den USA bei und ab 1813 folgten Teile des Louisiana-Gebiets.

Die USA verfolgten gegenüber Frankreich und Großbritannien zunächst einen Neutralitätskurs. Jedoch führten die Amerikaner im Britisch-Amerikanischen Krieg von 1812 einen Kampf um das weiterhin britische Kanada. Dieser endete jedoch unentschieden, so dass die Grenzziehung zwischen den USA und dem späteren Kanada von diesem Zeitpunkt an im Osten abgeschlossen war. Die frühe amerikanische Außenpolitik wurde ansonsten von der 1823 verkündeten Monroe-Doktrin des Präsidenten James Monroe geprägt. Diese sagte aus, dass sich die europäischen Mächte vom amerikanischen Kontinent fernhalten sollten, bei gleichzeitiger Nicht-Einmischung der USA in die Angelegenheiten anderer Staaten.

Die Indianerpolitik wurde ab 1820 aggressiver: Mit dem Indian Removal Act und dem darauf folgenden *Pfad der Tränen* wurde eine Jahrzehnte dauernde gewaltsame Landnahme und Besiedlung durchgeführt, was zu erneuten Kämpfen führte. Die Indianer wurden in Reservate abgeschoben. Einer der wenigen Siege für die Indianer war die Schlacht am Little Bighorn 1876, die jedoch politisch bedeutungslos blieb. Die Indianerkriege endeten 1890 mit dem Massaker von *Wounded Knee*. Im Jahr 1900 lebten weniger als eine Viertelmillion Indianer, wozu nicht nur Krieg, sondern auch Krankheiten beigetragen hatten. Erst 1924 erhielten die Indianer volle Bürgerrechte.

Das zweite zentrale Thema der amerikanischen Politik bis 1865 war die Sklavenfrage. Die Einfuhr von weiteren Sklaven aus Übersee wurde 1808 gesetzlich verboten. Durch das weitläufige Umgehen dieses Verbotes durch die Sklavenhändler[47] und natürliches Bevölkerungswachstum hatte sich die Zahl der Sklaven bis 1860 jedoch trotzdem auf etwa vier Millionen erhöht. Die Sklavenfrage entzweite zunehmend die Süd- von den Nordstaaten, da in den Nordstaaten die Industrialisierung einsetzte und die Anzahl der Sklaven langsam abnahm,[48] während die Besitzer der riesigen Reis- und Baumwollplantagen in den Südstaaten weiterhin Sklaverei in wachsendem Ausmaß betrieben. Neue Staaten aus den erworbenen Territorien wurden nur paarweise aufgenommen, um das labile Gleichgewicht nicht zu gefährden. Die Sklaverei stand im Widerspruch zur Unabhängigkeitserklärung, nach der „alle Menschen gleich geschaffen“ sind. Daher gewannen im Norden Bewegungen wie der

„Auktions- & Neger-Handelshaus“, 1864 in Atlanta, Georgia

Abolitionismus, der die Abschaffung der Sklaverei forderte, starken Zulauf. Der Krieg gegen Mexiko (1846–1848) brachte den USA einen weiteren Flächengewinn, der den heutigen Südwesten ausmacht. Er verstärkte aber auch die innenpolitischen Spannungen, da die Nordstaaten ihn teilweise als Landnahme zugunsten der Ausbreitung der Sklavenstaaten sahen.

Nachdem 1860 Abraham Lincoln für die neu gegründete Partei der Republikaner zum Präsidenten gewählt worden war, traten elf Südstaaten aus der Union aus. Das bedeutete den Beginn des Sezessionskrieges (1861–1865). Dabei stand zunächst die Verfassungsfrage im Vordergrund, ob die Bundesregierung überhaupt das Recht habe, über elementare Sachfragen in den Bundesstaaten zu entscheiden. Die Nordstaaten gingen als Sieger aus dem Bürgerkrieg hervor und die Sklaverei wurde gesetzlich abgeschafft. Die Schwarzen erhielten mit dem Civil Rights Act von 1866 und dem *14th Amendment* von 1868 formal die vollen Bürgerrechte.

Vom Bürgerkrieg bis zur Weltwirtschaftskrise

1890 wurde die *Frontier* für geschlossen erklärt. Damit endete die Ära des „Wilden Westens“. Die Immigration ließ nicht nach, so dass zwischen 1880 und 1910 insgesamt 18 Millionen Einwanderer aufgenommen wurden. Die Industrialisierung seit dem Sezessionskrieg führte zur Bildung großer *Trusts*, die durch ihre wirtschaftliche Macht die Politik beeinflussen konnten. Daher wurde 1890 der *Antitrust Act* verabschiedet, in dessen Folge ab 1911 mehrere Großkonzerne, z. B. Standard Oil von John D. Rockefeller und die American Tobacco Company, entflochten wurden.[49]

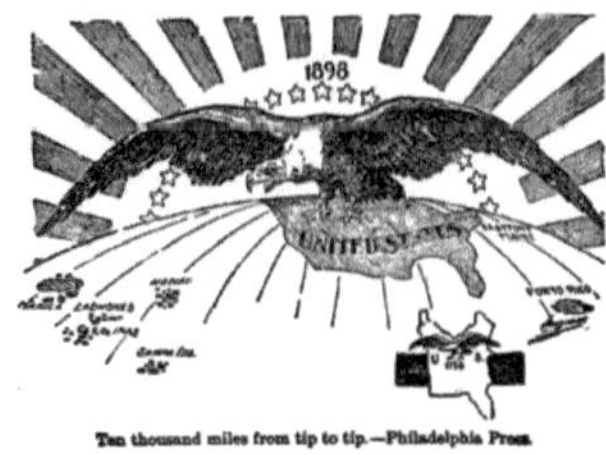

Karikatur zur Expansionspolitik der USA, 1898

Infolge des spanisch-amerikanischen Krieges von 1898 konnten die USA ihren Einflussbereich auf die Philippinen, Puerto Rico, Hawaii und Kuba ausdehnen. Eine interventionistische Politik betrieb Präsident Theodore Roosevelt (1901–1909), der eine hegemoniale Machtstellung über die lateinamerikanischen Staaten beanspruchte (*Big Stick*). So lösten die Vereinigten Staaten 1903 Panama aus Kolumbien heraus, um sich von dem neu gebildeten Staat die Souveränität über den Panamakanal abtreten zu lassen.

Während des Ersten Weltkriegs blieben die Vereinigten Staaten bis 1917 formal neutral, unterstützten aber die Entente vor allem durch Nachschublieferungen. Am 1. Februar 1917 erklärte Deutschland als Gegenmaßnahme den uneingeschränkten U-Boot-Krieg, woraufhin die USA am 6. April Deutschland den Krieg erklärten und am 5. Juni die Wehrpflicht einführten. Das Deutsche Reich sandte nach seinem Sieg über Russland die freigewordenen Truppen an die Westfront und trat im Frühjahr 1918 ein letztes Mal zu einer vergeblichen Offensive an. Die in Frankreich eintreffenden amerikanischen Truppen verschoben die Kräfteverhältnisse endgültig zugunsten der Alliierten. Nach dem militärischen Sieg versuchte Präsident Woodrow Wilson (1913–1921) in Europa eine stabile Nachkriegsordnung zu etablieren, indem er in seinem 14-Punkte-Programm das Prinzip des Selbstbestimmungsrechts der Völker sowie die Bildung eines Völkerbundes initiierte. Dieser Plan schlug fehl: Zum einen verweigerten Engländer und Franzosen die Durchführung von Wilsons Plan zugunsten eines Siegfriedens gegenüber dem Deutschen Reich, zum anderen lehnte der US-Senat den Beitritt zum Völkerbund ab, so dass die mittlerweile größte politische Macht der Welt in diesem Gremium fehlte und zum Isolationismus zurückkehrte.

Durch den kostspieligen Krieg und den anschließenden Wiederaufbau waren die Europäer zu Schuldnern Amerikas geworden. Die herausragende wirtschaftliche Rolle der Vereinigten Staaten zeigte sich besonders deutlich, als auf den Börsenkrach im Oktober 1929 (Schwarzer Donnerstag) die Weltwirtschaftskrise folgte. Das führte in den USA zu einer jahrelangen innenpolitischen Krise mit etwa 15 Millionen Arbeitslosen im Jahr 1932. Präsident Franklin D. Roosevelt legte das Sozial- und Investitionsprogramm *New Deal* auf, das den *Social Security Act* von 1935 sowie zahlreiche öffentliche Projekte wie Straßen, Brücken, Flughäfen und Staudämme beinhaltete.

Vom Zweiten Weltkrieg bis zum Ende des Kalten Krieges

Bei Ausbruch des Zweiten Weltkriegs blieben die USA zunächst neutral, unterstützten jedoch im Rahmen des Leih- und Pachtgesetzes Großbritannien und die Sowjetunion massiv mit Kapital- und Waffenlieferungen. Im Anschluss an den Angriff auf Pearl Harbor durch japanische Streitkräfte am 7. Dezember 1941 erklärten sie Japan den Krieg und erhielten kurze Zeit später Kriegserklärungen von Deutschland und Italien. Wie schon im Ersten Weltkrieg war das industrielle Potenzial der USA entscheidend für den Sieg der Alliierten. Die Kapitulation des Deutschen Reichs im Mai und die Atombombenabwürfe auf Hiroshima und Nagasaki im August 1945 beendeten den Zweiten Weltkrieg.

Berliner beobachten die Landung eines *Rosinenbombers* auf dem Flughafen Tempelhof (1948)

Senator Joseph McCarthy

Die USA waren maßgeblich an der Gründung der Vereinten Nationen am 26. Juni 1945 in San Francisco beteiligt, die im Einvernehmen mit der Sowjetunion stattfand. Bald jedoch zeichnete sich eine Konfrontation mit dem einstigen Kriegsverbündeten Stalin ab, die in den Kalten Krieg mündete. Präsident Harry S. Truman verfolgte eine antikommunistische *Containment-Politik*, die in der *Truman-Doktrin* ihren Ausdruck fand. Diese gewährte, in Abkehr von der isolationistischen Monroe-Doktrin, allen Ländern zur Wahrung ihrer Unabhängigkeit Militär- und Wirtschaftshilfe zu. Die USA unterstützten Griechenland und die Türkei, und legten den Marshall-Plan auf, der Westeuropa wirtschaftlich stabilisieren sollte. Der Kalte Krieg erreichte einen ersten Höhepunkt mit der Berlin-Blockade 1948/49, auf die die USA mit der Berliner Luftbrücke reagierten. 1949 wurde die NATO als Militärbündnis zwischen den USA, Kanada und Westeuropa gegründet.

Das nun einsetzende atomare Wettrüsten zwischen der NATO und dem Warschauer Pakt, das beiden Seiten ab den 1960er Jahren eine mehrfache „Overkill-Kapazität" verschaffte, und das man zugleich als Wettlauf der gesellschaftlichen Systeme betrachtete, führte zu Konfrontationen und Stellvertreterkriegen, wie dem Koreakrieg (1950–1953), der Kubakrise (1962), bei der die Welt nur knapp einem Dritten Weltkrieg entging, oder dem Vietnamkrieg. Durch den Atomwaffensperrvertrag und die SALT-Verhandlungen (1968 und 1969) wurde versucht, die gefährliche Situation zu entschärfen.

Der Kalte Krieg, der nur in den Industriestaaten nicht offen ausgefochten wurde, führte dazu, dass viele Amerikaner den Kommunismus als Feindbild betrachteten. Innenpolitisch führte das zu einem Klima der Verdächtigungen und der Kontrolle, die als „McCarthy-Ära" bezeichnet wird. Der republikanische Senator Joseph McCarthy profilierte sich im Senatsausschuss für unamerikanische Umtriebe (HUAC) dadurch, dass er besonders Filmschaffende, Politiker und Militärs als Kommunisten verdächtigte und Denunziationen erwartete. Wer die Aussage verweigerte, musste mit Berufsverbot rechnen. Die Anhörungen wurden oft im Fernsehen übertragen. Als McCarthy schließlich Präsident Eisenhower verdächtigte, wurde er 1954 vom Senat entmachtet.

Der Vietnamkrieg, in den die USA 1964 nach dem Tonkin-Zwischenfall eingriffen, nachdem sie zuvor schon Militärberater entsandt hatten, entwickelte sich zu einem militärischen und moralischen Fiasko, das mit dem Abzug der US-Truppen 1973 endete. Die Glaubwürdigkeit als Verbreiter demokratischer Werte stand hier und auch bei anderen Konfliktherden in Widerspruch mit der Unterstützung zahlreicher Militärdiktatoren oder der Durchführung und Unterstützung von Militärputschen, wie den Pinochets in Chile oder Mobutus im seinerzeit „Zaire“ genannten Kongo.

Brennendes Vietcong-Camp in My Tho, Vietnam

Neben sozialen und politischen Bewegungen erschütterten in den 1960er Jahren vor allem drei Mordanschläge die Nation und mit ihr die Welt: die Ermordung des Präsidenten John F. Kennedy (1963), die Ermordung des Predigers und Bürgerrechtlers Martin Luther King, der die Galionsfigur des gewaltlosen Kampfes für die Rechte der Schwarzen war (1968) – sowie im gleichen Jahr die Ermordung des demokratischen Präsidentschaftsbewerbers Robert F. Kennedy, einem jüngeren Bruder des ermordeten Präsidenten.

Präsident Johnson bei der Unterzeichnung des Civil Rights Act von 1964

Die Schwarzen waren zwar formell 1865 von der Sklaverei befreit worden, doch schon im Laufe des Wiederaufbaus (*Reconstruction*) des im Krieg zerstörten Südens hatten die Südstaaten Gesetze erlassen, die ihre Bürgerrechte wieder einschränkten (Jim-Crow-Gesetze). Sie betonten zwar die gleichen Rechte, sahen jedoch zugleich die Rassentrennung vor. Erst die Bürgerrechtsbewegung (*Civil Rights Movement*) konnte die letzten formalen Ungleichbehandlungen beseitigen. Ein sehr wesentlicher Schritt war die Aufhebung der Rassentrennung in öffentlichen Einrichtungen durch den Obersten Gerichtshof im Jahr 1954. Der Schulbesuch von Schwarzen musste jedoch teilweise mit Hilfe der Nationalgarde durchgesetzt werden, da die Gouverneure der Südstaaten (vor allem George Wallace aus Alabama) bis Ende der 60er Jahre auf ihren *state rights* beharrten, zu denen sie auch die Rassentrennung (*segregation*) zählten.

Im Jahr 1964 wurde unter Präsident Lyndon B. Johnson, der Kennedy nach seiner Ermordung 1963 im Amt nachfolgte, selbst 1964 gewählt wurde und bis 1969 im Amt blieb, der Civil Rights Act von 1964 verabschiedet, der die Rassentrennung in den USA für illegal erklärte. 1965 erließ Johnson ein weiteres Gesetz, den Voting Rights Act, der jegliche Benachteiligung von Afroamerikanern bei Wahlen verboten hatte. Im Jahr 1968 wurde schließlich vom Kongress der Civil Rights Act von 1968 verabschiedet, der Diskriminierung jeglicher Art gesetzlich verbot. Auch wenn Präsident Johnson durch den Krieg in Vietnam einen Rückgang seiner Zustimmung erfahren hatte, konnte er im Rahmen seines Programms der *Great Society* weitere Reformen erlassen, die insbesondere die Bekämpfung der Armut, die Intensivierung des Bildungssystems und den Verbraucherschutz betrafen. In der Tat sank die Zahl der in Armut lebenden US-Bürger um rund die Hälfte.

Von großem Einfluss waren neben der Bewegung gegen den Vietnamkrieg solche, die sich gegen die Benachteiligung innerhalb der Gesellschaft richteten. Das war zunächst die Frauenrechtsbewegung, dann die Schwulenbewegung, die sich allerdings mit den Gesetzgebungen der jeweiligen Bundesstaaten konfrontiert sahen. Sogenannte „Sodomiegesetze“, die bis 1962 die Praxis der männlichen Homosexualität sowie „abweichende sexuelle Praktiken“ heterosexueller Paare in vielen Bundesstaaten verboten hatten, wurden teilweise aufgehoben. Als der Supreme Court 1987 diese Gesetze bestätigte, existierten sie noch in der Mehrheit der Bundesstaaten und wurden erst mit der Entscheidung *Lawrence vs. Texas* vom 26. Juni 2003 vom Obersten Gerichtshof aufgehoben.

Die Watergate-Affäre um einen Einbruch und einen Lauschangriff in Büros der Demokratischen Partei im Watergate-Gebäudekomplex, von dem Präsident Richard Nixon wahrscheinlich wusste und bei dem dieser die FBI-Ermittlungen zu behindern versuchte, entwickelte sich zum größten Skandal der amerikanischen Nachkriegsgeschichte. Um der drohenden Amtsenthebung zu entgehen, trat Nixon 1974 zurück.

Ronald Reagan, 40. Präsident

Die Ölkrise 1974 und die iranische Geiselkrise 1979 sowie die Folgen des Vietnamkriegs verursachten eine außenpolitische Orientierungslosigkeit. Eine Wirtschaftskrise traf vor allem das Schwerindustrierevier in den Staaten Pennsylvania, Ohio, West Virginia, Indiana und Michigan, den sogenannten Rust Belt. Das führte zu ethnisch motivierten Unruhen in den Südstaaten, was den Wahlerfolg des Republikaners Ronald Reagan begünstigte.

So bezeichnete der Amtsantritt der Regierung Reagan einen Paradigmenwechsel der amerikanischen Politik, sowohl im Innern als auch in der Außenpolitik. Die Gesellschaft wurde ökonomisch stark polarisiert. Seine acht Regierungsjahre bis 1989 waren durch eine liberale Wirtschaftspolitik (*Reaganomics*), die Verminderung staatlicher Subventionen und Sozialleistungen, Einsparungen in der öffentlichen Verwaltung und Steuersenkungen in den oberen Einkommensgruppen gekennzeichnet. Christlicher Glaube und strikter Antikommunismus machten ihn für die konservativen Kreise zum Vorbild. Seine Gegner sahen in ihm einen Lobbyisten der Konzerne und Rüstungsunternehmen.

Die widersprüchliche Innen- und Außenpolitik gegenüber Staaten, die die Menschenrechte nicht achteten, das mangelnde Verständnis für andere Kulturkreise und daraus folgende Fehleinschätzungen zeigten sich in der Außenpolitik bis zum Irakkrieg. Hatte man schon nach dem Ausbruch des ersten Golfkriegs zwischen Iran und Irak (1980–1988) aus Furcht vor den fundamentalistischen Kreisen in Teheran den Diktator Saddam Hussein unterstützt, so häuften sich Fehler wie in der Iran-Contra-Affäre, in der die USA 1986 auf Vermittlung durch Sicherheitsberater Robert McFarlane und Oberst Oliver North Waffen an den Iran geliefert hatten, um aus diesen Erlösen die Gegner der Sandinisten in Nicaragua zu unterstützen. Die Geld- und Waffenlieferungen an die Mujaheddin in Afghanistan erwiesen sich ebenfalls als zweischneidig: Die Sowjetunion musste zwar nach zehn Jahren ihre Truppen abziehen, doch wurden gleichzeitig radikal-islamische Gruppen gestärkt.

Reagan bezeichnete die Sowjetunion wiederholt in Anlehnung an religiöse Terminologie als „Reich des Bösen" (*evil empire*). Die Rüstungsausgaben wurden erhöht und ein sogenanntes *„Star-Wars*-Programm" *(SDI-Projekt, „Krieg der Sterne")* aufgelegt. 1985 und 1986 traf er sich mit seinem sowjetischen Amtskollegen Gorbatschow zu Abrüstungsverhandlungen unter der Bezeichnung START (*Strategic Arms Reduction Talks*). Mit dem Zusammenbruch der Sowjetunion endete der Kalte Krieg 1991.

Seit dem Ende des Kalten Krieges

Unter dem demokratischen Präsidenten Bill Clinton (1993–2001) kam es zu einem länger anhaltenden wirtschaftlichen Aufschwung („New Economy"). Die Verwahrlosung der Städte wurde aufgehalten – so erholten sich etwa die New Yorker Stadtteile Bronx und Harlem.

1996 wurde dennoch der Bezug von Sozialhilfe auf zwei Jahre in Folge und insgesamt fünf Jahre verkürzt, was die Zahl der Empfänger reduzierte.

Bill Clinton, 42. Präsident

Präsident Clintons Außenpolitik führten die Außenminister Warren Christopher während seiner ersten Amtszeit und Madeleine Albright während seiner zweiten. Sie war die erste Frau in diesem Amt.

Das erfolglose Engagement in Somalia, unter George Bush sen. begonnen, hatte die Entmachtung der „War Lords", besonders Mohammed Aidids zum Ziel. Nachdem jedoch Fernsehsender Bilder des Leichnams eines US-Soldaten zeigten, der durch die Straßen von Mogadischu geschleift wurde, zogen die Sondereinsatztruppen aus dem Land ab. Auch die Invasion Haitis von 1994 brachte zwar den demokratisch gewählten Jean-Bertrand Aristide an die Macht zurück und der Militärdiktator Raoul Cédras wurde abgesetzt, löste jedoch die sozialen Probleme des Staates nicht.

Nachdem es den europäischen Staaten nicht gelungen war, nach dem Zerfall Jugoslawiens die Region zu befrieden, griffen US-Truppen 1995 und 1999 im Rahmen der NATO in Bosnien, Kroatien und Serbien ein, was den Sturz des Diktators Slobodan Milošević zur Folge hatte. Versuche, im Nahen Osten einen Frieden zwischen Israel und Palästina zu erreichen, erlitten mit dem Attentat auf Jitzchak Rabin einen schweren Rückschlag.

Clinton reagierte auf Provokationen des irakischen Diktators Saddam Hussein mit sporadischen Luftangriffen, ebenso wie im Sudan und Afghanistan nach Terroranschlägen auf die US-Botschaft in Nairobi und ein US-Kriegsschiff im Jemen. Diese Anschläge wurden bereits dem Al-Qaida-Netzwerk des Osama bin Laden zur Last gelegt.

Bilder, die die US-Politik seit einem Jahrzehnt geprägt haben: das brennende World Trade Center und die Freiheitsstatue am 11. September 2001

Nach den Terroranschlägen des 11. September 2001 auf das World Trade Center in New York sowie das Pentagon in Washington verkündete Präsident George W. Bush einen weltweiten *Krieg gegen den Terrorismus*, was zunächst in weiten Teilen der Bevölkerung Zustimmung fand. Bush identifizierte, ähnlich wie bereits Reagan, eine *„Achse des Bösen"* (*axis of evil*), der er sogenannte Schurkenstaaten (*rogue states*) zurechnete. Zu diesen zählte er den Iran, den Irak, Kuba und Nordkorea.

Im Oktober 2001 wurde durch einen Feldzug in Afghanistan das radikal-islamische Taliban-Regime gestürzt, das Osama bin Laden beherbergt hatte. Ebenfalls im Namen des *Krieges gegen den Terrorismus* begann im März 2003 der Krieg (Dritter Golfkrieg) gegen den Irak mit dem Ziel, den Diktator Saddam Hussein zu stürzen. Unter dem Vorwand, er besitze Massenvernichtungswaffen und habe Kontakte zu Bin Laden, erfolgte der Angriff ohne UN-Mandat.

Trotz eines schnellen Sieges konnte der Irak nicht befriedet werden. Einige Staaten der „Koalition der Willigen" zogen bereits im Frühling 2004 ihre vergleichsweise kleinen Kontingente wieder ab. Im Juni 2004 wurde die Regierungsgewalt an eine irakische Übergangsregierung übergeben.

George W. Bushs Hinwendung zu einem strategischen Konzept der *Präemption* kann als Abkehr von der bisherigen amerikanischen Außen- und Sicherheitspolitik gewertet werden, die auf Abschreckung, Eindämmung sowie der Einwirkung der so genannten *soft power* (das heißt der Attraktivität ökonomischer und kultureller Einflussnahme) basiert hatte. Unter Bush beanspruchte der Verteidigungsetat etwa 400 Milliarden Dollar, was der Summe der Etats der zehn nächstgrößeren Staaten entsprach.

Der Haushaltsansatz für Entwicklungshilfe betrug 2003/04 fast 20 Milliarden Dollar, der gleiche Betrag war für die Aufbauhilfe Irak vorgesehen. Von den 20 Milliarden ging etwa die Hälfte an Israel und Ägypten (seit Camp David I (1978), dem Oslo-Friedensprozess (1994–1995) und Camp David II (2000). Andere Schwerpunkte waren Kolumbien, Bolivien, Peru, Afghanistan, Pakistan, Indonesien, die Türkei und Jordanien, unter anderem wegen des *War on Drugs* und des *Kriegs gegen den Terrorismus*.

Nach seinem Sieg bei der Präsidentschaftswahl am 4. November 2008 wurde der demokratische Senator des Bundesstaates Illinois, Barack Obama, am 20. Januar 2009 als 44. Präsident vereidigt. Da sein Vater in Kenia geboren wurde, gilt er als erster afro-amerikanischer Präsident, obwohl er ebenso eine weiße Mutter hat.

Barack Obama, 44. Präsident

Am Tag seiner Amtseinführung ließ Obama alle noch nicht in Kraft getretenen Verordnungen seines Vorgängers aussetzen. Zudem ließ er die laufenden Militärgerichtsverfahren gegen Insassen des Gefangenenlagers Guantanamo für 120 Tage aussetzen, was als Beginn der Auflösung des Lagers gewertet wurde. Zudem sagte er zu, binnen 18 Monaten die Truppen aus dem Irak abzuziehen. Insgesamt setzt er stärker auf Diplomatie als auf Konfrontation, hält aber an einer Fortsetzung des Einsatzes in Afghanistan fest.

Obama verfügte eine Obergrenze für das Einkommen von Regierungsmitgliedern, eine Durchführungsverordnung, die es den Bundesstaaten erlaubte, strengere Abgasvorschriften einzuführen, und versprach, die Entwicklungshilfe zu verdoppeln. Wirtschaftspolitisch orientiert sich die Regierung an den Rezepten der Clinton-Ära, setzt aber stärker auf erneuerbare Energien und auf Sparsamkeit, um die natürlichen Ressourcen zu schonen, aber auch, um außenpolitisch unabhängiger zu werden. Das Problem der fehlenden Sozialversicherung, insbesondere der Krankenversicherung soll gelöst werden, indem jeder Zugang dazu erhalten soll.

Der Friedensnobelpreis 2009 ging an Barack Obama, was sowohl zu einem enormen medialen Interesse als auch heftigen Kontroversen führte.

Am 19. Dezember 2009 beschloss die Obama-Regierung den größten Verteidigungsetat der US-Geschichte in Höhe von 636,3 Milliarden Dollar, was gegenüber Obamas Vorgänger George W. Bush noch einmal eine gewaltige Anhebung bedeutete.[50] Die US-Regierung hat jedoch bereits angekündigt, weitere 30 Milliarden Dollar zu benötigen.

Politik

Gewalten auf Bundesebene

Die Vereinigten Staaten verfügen nach den Konföderationsartikeln seit ihrer Gründung über ihre zweite Verfassung. Sie sieht ein präsidiales, föderales und republikanisches Regierungssystem vor, das horizontal Legislative, Exekutive und Judikative sowie vertikal die Bundesebene von den Bundesstaaten vergleichsweise strikt trennt.

Legislative

Stärkstes Staatsorgan auf Bundesebene ist laut Verfassung der Kongress, der die Legislative ausübt. Er setzt sich aus gewählten Repräsentanten aus allen 50 Bundesstaaten zusammen. Der aus zwei Kammern bestehende Kongress hat die Budgethoheit sowie das Recht zur Gesetzesinitiative. Der Kongress hat unter anderem infolge des ihm zustehenden Budgetrechts wesentlichen Einfluss auf die amerikanische Politik. Allein dem Kongress kommt das Recht zu, Bundesgesetze zu erlassen und Kriegserklärungen auszusprechen. Verträge mit fremden Ländern werden vom Präsidenten unterzeichnet, bedürfen jedoch der Ratifizierung durch die zweite Kammer des Kongresses, den Senat. Bei wichtigen Ernennungen (zum Beispiel zu Kabinettsposten oder Richterämtern des Bundes, insbesondere am Obersten Gericht) hat der Senat nach Anhörungen der Kandidaten das Recht, den Vorschlag des Präsidenten zu bestätigen oder zurückzuweisen.

Die Mitglieder des Repräsentantenhauses, der ersten Kammer des Kongresses, werden für zwei Jahre gewählt. Jeder Repräsentant vertritt einen Wahlbezirk seines Bundesstaates. Die Anzahl der Wahlbezirke wird durch eine alle zehn Jahre durchgeführte Volkszählung festgelegt. Senatoren werden für sechs Jahre gewählt. Deren Wahl findet gestaffelt statt, das heißt, alle zwei Jahre wird ein Drittel des Senats neu gewählt. Die Verfassung sieht vor, dass der Vizepräsident dem Senat vorsteht. Er hat dabei kein Stimmrecht, außer bei Stimmengleichheit.

Bevor eine Gesetzesvorlage zum Bundesgesetz wird, muss sie sowohl das Repräsentantenhaus als auch den Senat durchlaufen haben. Die Vorlage wird zunächst in einer der beiden Kammern vorgestellt, von einem oder mehreren Ausschüssen geprüft, abgeändert, im Ausschuss abgelehnt oder angenommen und danach in einer der beiden Kammern diskutiert. Sobald sie in dieser Kammer angenommen ist, wird sie an die andere Kammer weitergeleitet. Erst wenn beide Kammern die gleiche Version der Gesetzesvorlage angenommen haben, wird sie dem Präsidenten zur Zustimmung vorgelegt. Der Präsident hat danach die Möglichkeit, das Inkrafttreten des Gesetzes aufzuschieben. Der Kongress kann nach einem solchen Veto eine neue Gesetzesvorlage beschließen oder den Präsidenten mit zwei Dritteln Zustimmung endgültig überstimmen.

Exekutive

Staats- und Regierungschef in Personalunion ist der Präsident, der an der Spitze der Exekutive steht. Er ist ferner Oberbefehlshaber der Streitkräfte der Vereinigten Staaten und bildet gemeinsam mit dem Verteidigungsminister die National Command Authority (NCA), der es alleine obliegt, die Entscheidung über einen Angriff der USA mit Nuklearwaffen zu fällen. Dazu müssen beide Personen unabhängig voneinander dem Nuklearschlag zustimmen. 44. Amtsinhaber ist seit dem 20. Januar 2009 der am 4. November 2008 gewählte Demokrat Barack Obama.

Für den Fall der Verhinderung oder der Abwesenheit des Vizepräsidenten benennt der Senat einen „Pro-Tempore-Vorsitzenden", einen Vorsitzenden auf Zeit. Die Mitglieder der ersten Kammer, des Repräsentantenhauses wählen ihren eigenen Vorsitzenden, den „Sprecher des Repräsentantenhauses *(Speaker)*". Speaker und Pro-Tempore-Vorsitzender sind Mitglieder der jeweils stärksten Partei ihrer Kammer. Speaker ist seit 2011 der Republikaner John Boehner, das Amt des Pro-Tempore-Vorsitzenden hat seit 2010 der demokratische Senator Daniel Inouye inne.

Judikative

An der Spitze der Judikative, die ebenfalls föderal organisiert ist, steht der Oberste Gerichtshof. Die 1787 in Kraft getretene Verfassung, deren Bestimmungen einklagbar sind, hat eine große Bedeutung im politischen System der Vereinigten Staaten. Es spricht für den Erfolg und die Stabilität dieser Verfassung, dass sie bislang nur 27 Änderungen („amendments") erfahren hat.

Parteien und Wahlen

In den Vereinigten Staaten hat sich, durch das einfache Mehrheitswahlrecht begünstigt, ein Zweiparteiensystem gebildet. Diese Parteien sind seit dem 19. Jahrhundert die Demokraten und die Republikaner. Die Demokraten sind zurzeit die größte Partei mit 72 Millionen registrierten Anhängern (42,6 %), gefolgt von den Republikanern mit 55 Millionen Anhängern (32,5 %) und 42 Millionen Anhängern anderer Gruppierungen (24,9 %).[51] Dabei lassen sich beide Parteien, denen keine verfassungsgemäße Rolle zugesprochen ist, höchstens rudimentär einer Schematisierung unterwerfen, da sie bereits innerparteiliche Koalitionen von unterschiedlichen Strömungen darstellen.

Neue politische Strömungen und Interessenvertretungen versuchen eher, Einfluss auf die Abgeordneten und andere Führungskräfte beider Großparteien zu nehmen, als selbstständige Parteien zu gründen. Beispiele dafür sind die *American Civil Liberties Union*, die fundamental-christliche *Moral Majority* und die Tea-Party-Bewegung.

Kleinere Parteien wie die Grünen oder die Libertäre Partei sind unbedeutend, wenn auch bei Präsidentschaftswahlen mitunter die für den Kandidaten der Grünen abgegebenen Stimmen als – womöglich entscheidender – Nachteil für den demokratischen Kandidaten wahrgenommen werden. Ein in den 1990er Jahren zeitweiliger Hauptexponent der Grünen Partei der USA war Ralph Nader, der 1996 als Präsidentschaftskandidat der Partei in den Präsidentschaftswahlkampf zog und im In- und Ausland als „Verbraucheranwalt" einen hohen Bekanntheitsgrad genießt.

Föderale Gliederungen

Bundesstaaten

Die Vereinigten Staaten bestehen aus 50 Bundesstaaten, wobei Alaska und Hawaii außerhalb des Kernlandes (*CONUS*, Continental U.S.) liegen, wie auch die politisch angeschlossenen Außengebiete Puerto Rico und Guam.

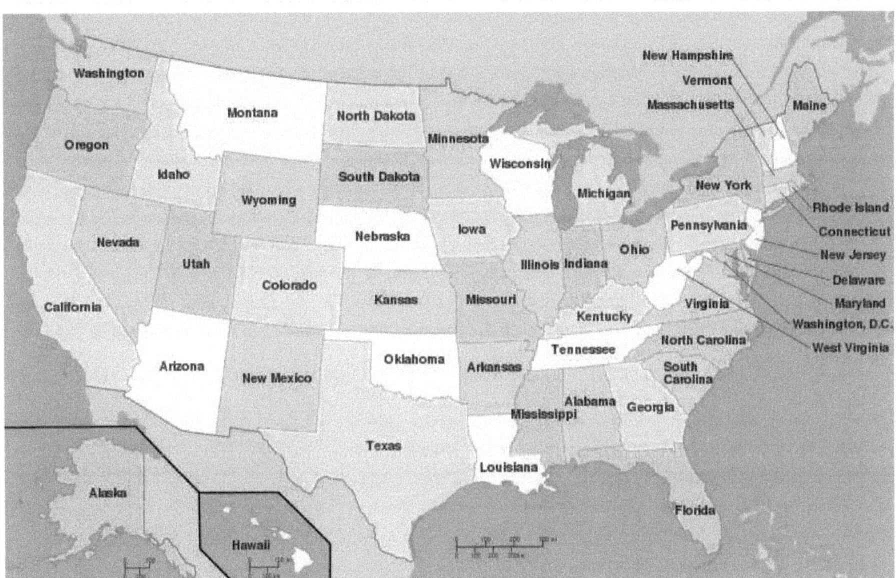

Das Kernland umfasst 48 der 50 Bundesstaaten sowie den District of Columbia (Bundesdistrikt mit der Hauptstadt Washington D.C.), die innerhalb einer gemeinsamen Grenze liegen (sogenannte *„Lower 48"*).

Bei der Gründung der USA bestanden 13 Bundesstaaten, denen sich im Zuge der Westexpansion bis zum Mississippi nach und nach weitere Territorien anschlossen. Nach Texas übersprang die Anschlusswelle die dünn besiedelten Gebirgszüge und setzte sich vor allem mit Kalifornien und Oregon nach der Mitte des 19. Jahrhunderts fort. Diese Entwicklung wurde erst während des Ersten Weltkriegs abgeschlossen. Im Jahr 1959 wurden die pazifische Inselgruppe Hawaii sowie das nordwestlich gelegene Alaska, das über die 100 km breite Beringstraße an Russland grenzt, als Bundesstaaten Teil der Vereinigten Staaten.

Anschluss der Bundesstaaten

Verwaltungsgliederung

Im Jahr 2002 gab es in den Vereinigten Staaten laut Zensus- und Volkszählungsbüro 87.900 lokale Regierungseinheiten, einschließlich Ortschaften, Kreise, Siedlungen, Schul- und andere Bezirke. Mehr als drei Viertel der Bürger der Vereinigten Staaten leben in großen Städten oder deren Vorstädten (Liste der Städte in den Vereinigten Staaten).

Ein County ist eine Untereinheit der meisten Bundesstaaten und etwa mit einem Landkreis vergleichbar. In Louisiana heißen sie „Parish“; in Alaska gibt es diese Verwaltungseinheiten nicht, sondern lediglich statistische Unterteilungen. In Virginia und Missouri gibt es zudem Städte, die keinem County zugeordnet sind. Bei Großstädten (zum Beispiel Philadelphia) kommt es vor, dass die Grenzen von Stadt und County gleich sind; die Stadt New York nimmt sogar fünf Countys ein, die jeweils als „Borough“ bezeichnet werden. Nicht selten überschreiten Städte und sogar Dörfer eine County-Grenze. Die Regierungsformen der Countys und deren Befugnisse sind von Staat zu Staat sehr unterschiedlich, manchmal sogar innerhalb eines Staates, wenn das Parlament des entsprechenden Bundesstaates verschiedene Formen zur Auswahl vorgegeben hat. Manche erheben Steuern, fast alle nehmen Kredite auf und treiben Steuern ein. Sie haben Angestellte, sind sehr oft für die Beaufsichtigung von Wahlen zuständig und bauen und unterhalten Straßen und Brücken (manchmal im Auftrag des Bundes oder Landes). Sozialhilfeprogramme werden teilweise von ihnen durchgeführt, teilweise auch von den Townships, die, insbesondere im Mittleren Westen, nicht deckungsgleich mit den Kommunen sind, die mit einer Fläche von 36 Quadratmeilen bei der Landesvermessung aus dem 18. Jahrhundert bestimmt wurden.

Karte der USA mit Staats- und County-Grenzen

Ein besonderer Aspekt bei manchen kleineren Städten, der selten und überwiegend in den Neuenglandstaaten vorkommt, ist das „town meeting“. Einmal im Jahr – bei Bedarf häufiger – kommen alle registrierten Wähler einer Stadt zu einer öffentlichen Versammlung und wählen Beamte, diskutieren die Lokalpolitik und erlassen Gesetze für das Funktionieren der Regierung. Als Gruppe beschließen sie Straßenbau und -ausbesserung, Errichtung von öffentlichen Gebäuden und Einrichtungen, Steuern und den Stadthaushalt. Das „town meeting“, das schon seit zwei Jahrhunderten existiert, ist oft die reinste Form der Demokratie, in der Regierungsgewalt nicht delegiert, sondern direkt und regelmäßig von allen Bürgern ausgeübt wird. Die überwiegende Mehrheit der Bürger kennt jedoch nur die repräsentative Demokratie.

Siehe auch: Verwaltungseinheit in den Vereinigten Staaten, Polizei (Vereinigte Staaten)

Außengebiete

Neben den Bundesstaaten und dem District of Columbia gibt es Außengebiete mit unterschiedlich geregelter Autonomie.

Innenpolitik

Eine wichtige Rolle in der amerikanischen Innenpolitik spielen überwiegend moralisch-ethische Fragen wie beispielsweise die Grenzen der Meinungsfreiheit, das Recht auf Abtreibung, die Berechtigung der Todesstrafe, die politische Anerkennung von Homosexualität, die Rechte von Minderheiten oder die Frage, welche Rolle religiöse Werte im öffentlichen Leben spielen sollen.

Waffenrecht

Die meisten Bundesstaaten verfügen über Waffengesetze, die im internationalen Vergleich extrem liberal sind. Das Recht auf den Besitz von Waffen wird in den USA traditionell hochgeschätzt, da es durch den zweiten Zusatzartikel der Verfassung ([...] *right to bear arms* [...]) geschützt ist. Privatpersonen können daher ohne größere Schwierigkeiten Schusswaffen und Munition erwerben und die Waffen offen tragen. Insgesamt gibt es in den USA mehr als 200 Millionen Pistolen und Gewehre in Privatbesitz.[52]

Die bestehende Gesetzeslage ist in den USA umstritten. Ihre Kritiker sehen darin eine Ursache für die hohe Anzahl von jährlich 350.000 bewaffneten Verbrechen sowie 11.000 Mordopfern, da Verbrecher sich leichter bewaffnen könnten. Die Befürworter liberaler Waffengesetze wie die National Rifle Association (NRA) bestreiten diesen Zusammenhang und verweisen auf niedrige Mordraten in Ländern wie Kanada oder Neuseeland, in denen ebenfalls überproportional viele Waffen in Privatbesitz sind. Des Weiteren argumentieren sie, dass Kriminelle überwiegend illegal in den Besitz von Waffen gelangen würden, weshalb Privatpersonen wenigstens die Möglichkeit zur Verteidigung gegeben werden solle.

Gesundheitspolitik

Das Gesundheitssystem der Vereinigten Staaten ist – besonders in der Forschung – teilweise Weltspitze, auf anderen Gebieten hingegen – vor allem in der allgemeinen Patienten- und Versicherungsversorgung – zum Teil in einem desolaten Zustand. Jährlich werden etwa 1,8 Billionen US-Dollar für das Gesundheitssystem aufgewendet. Das ist im Vergleich zu Deutschland nahezu das Doppelte pro Kopf. Rund 47 Millionen Amerikaner, etwa 16 % der Gesamtbevölkerung, sind nicht krankenversichert.[53] – das jedoch nicht ausschließlich aus Einkommensgründen (rund ein Drittel der Nicht-Versicherten verfügt über ein Haushaltseinkommen von 50.000 Dollar und mehr) beziehungsweise wegen zu hohen Alters und des damit verbundenen Krankheitsrisikos (rund 40 Prozent der Nicht-Versicherten sind zwischen 18 und 35 Jahre alt).[54] Hinzu kommt eine hohe Dunkelziffer an illegalen Einwanderern, die ebenfalls keine Krankenversicherung haben. Viele derjenigen, die versichert sind, müssen bei sämtlichen ärztlichen Leistungen zuzahlen, andere, die in einer Krankenversicherung (HMO) sind, müssen bürokratische Papierkriege und lange Wartezeiten bei Einschränkung der Arztauswahl erdulden. 1993 scheiterte Präsident Clinton mit dem Versuch der Einführung einer gesetzlichen Krankenkasse. Im Jahr 2010 wurden unter Präsident Obama Gesetze verabschiedet, durch die das Gesundheitssystem bis 2018 nach und nach reformiert werden soll.

Die Lebenserwartung lag 2004 in den USA bei 77,9 Jahren und damit weltweit auf Platz 42. Das ist im Vergleich zu 1984 eine Verschlechterung um 20 Plätze. Als Gründe werden fehlende Krankenversicherungen und Fettleibigkeit genannt. Die Lebenserwartung der schwarzen Bevölkerung liegt bei 73,3 Jahren.[55] Hinzu kommen die Risiken der Armut. So waren im Dezember 2009 38,97 Millionen Menschen auf Lebensmittelmarken angewiesen, wobei diese Zahl seit November 2009 um 800.000 angestiegen war.[56]

Sozialpolitik

Die Vereinigten Staaten sind ein Sozialstaat, in dem Transferleistungen häufig von Bundesregierung und Bundesstaaten gemeinsam finanziert und organisiert werden. Gesetzliche Regelungen der Bundesstaaten können erheblichen Einfluss auf die Sozialpolitik ausüben. Eine grundlegende soziale Absicherung im Alter erbringt auf Bundesebene die öffentliche Rentenversicherung *Social Security*.

Umweltpolitik

Die Vereinigten Staaten sind, nach China, die Nation mit dem zweitgrößten CO_2-Ausstoß der Welt.[57] Beim Klimaschutz-Index 2008 (Stand Dezember 2007) liegen sie auf Platz 55 (2007: Platz 53) von 56 untersuchten Staaten. Der Anteil an den weltweiten CO_2-Emissionen beträgt 21,44 %.[58]

2002 veröffentlichte die Regierung eine Strategie, die Treibhausgase der US-Wirtschaft um 18 Prozent zu vermindern (bis 2012). Das sollte zu einer Senkung der CO_2-Emissionen von 160 Millionen Tonnen führen. International werden die Maßnahmen als völlig unzureichend kritisiert. Bill Clinton ließ gegen Ende seiner Amtszeit zwar das Kyoto-Protokoll unterzeichnen, konnte jedoch keine Ratifizierung durch den Kongress erwarten, so dass die USA das Protokoll nicht als verbindlich anerkennen. Die Schwellenländer seien im Vertragswerk nicht zur Reduzierung der Treibhausgas-Emissionen verpflichtet worden, zudem spielt ein starkes Souveränitätsbewusstsein, vor allem im Senat, eine wichtige Rolle.

Zur gleichen Zeit haben Umweltkatastrophen und Aktionen von Umweltschützern, unter ihnen der ehemalige Präsidentschaftskandidat Al Gore, in den USA einen Bewusstseinswandel eingeleitet. Barack Obama hat einen Kurswechsel in der Klimapolitik angekündigt.

Die Klimaschutzpolitik setzte bisher vorrangig auf freiwillige Maßnahmen und Forschungsförderung. Einige Bundesstaaten (insbesondere Kalifornien) setzten strengere Regeln durch, doch wurden sie von der Regierung Bush daran gehindert. Die wichtigste Umweltbehörde auf Bundesebene ist die *US Environmental Protection Agency* (*EPA*), die von Umweltschützern für ihre geringe Aktivität kritisiert wird.

Siehe auch: Klimapolitik der Vereinigten Staaten

Außen- und Sicherheitspolitik

Der Außenpolitik der Vereinigten Staaten liegt eine pessimistische Grundhaltung zugrunde, die große Übereinstimmungen mit dem politischen Realismus aufweist. Diesem steht ein seit der Unabhängigkeitsbewegung ungebrochener und ungewöhnlich starker Idealismus gegenüber, deren Ursprung in den antieuropäischen Affekten der Revolution liegt und in einigen außenpolitischen Denkschulen den Glauben an einen historisch einmaligen Auftrag der Vereinigten Staaten begründet (*American Exceptionalism*, zu Deutsch „amerikanische Einzigartigkeit"). Trotz häufiger Spannungen zwischen Anspruch und Praxis besteht diese Bipolarität der amerikanischen Außenpolitik wegen vieler Übereinstimmungen fort. Beispielsweise konvergiert das Ideal der größtmöglichen Vertragsfreiheit in einer liberalen Gesellschafts- und Weltordnung mit der wirtschaftlichen Abhängigkeit der Vereinigten Staaten vom Überseehandel im Eintreten für den Freihandel.

Zu den realpolitischen Interessen, für die die offizielle Außenpolitik der Vereinigten Staaten eintritt, zählt neben der Garantie weltweiter Sicherheit ihrer Staatsbürger und derer Angehöriger die Sicherung der Vereinigten Staaten vor Angriffen von außen und die ständige Verfügbarkeit von Ressourcen, die für die Wirtschaft des Landes von zentraler Bedeutung sind. Die ideellen Interessen, die das langfristige Handeln der Vereinigten Staaten leiten und rechtfertigen sollen, bestehen im Eintreten für die Menschenrechte, in der demokratisch-plebiszitären politischen Gestaltung souveräner Staaten durch deren Staatsvölker und ein globales marktwirtschaftliches System.

In ihrer konkreten Umsetzung hat sich die Außenpolitik zunehmend von einer passiven zu einer gestaltenden Rolle hin entwickelt. Von ihrer Gründung bis in den Zweiten Weltkrieg hinein überwog der Isolationismus, also die bewusste Vernachlässigung der Außenpolitik zugunsten der inneren Entwicklung und Kultivierung. Drückte sich diese Haltung in der Konsolidierungsphase des Landes durch die Monroe-Doktrin am stärksten aus, lockerte sie sich im Zeitalter des Imperialismus bis zum Ersten Weltkrieg zunehmend, um durch den Angriff auf Pearl Harbor völlig diskreditiert zu werden. Sogleich gewann der Internationalismus amerikanischer Prägung durch die Konfrontation mit der Sowjetunion im Kalten Krieg schlagartig an Bedeutung. Gestützt wurde dieser von einer institutionalistischen Praxis, also der Gründung transnationaler Gremien zur langfristigen Kooperation mit Staaten. Das geschah entweder im Verbund mit Staaten, die ähnliche Interessen vertraten, um diese zu stärken, oder zur Überbrückung politischer Differenzen mit Staaten, die gegensätzliche Interessen hatten. Die USA sind daher Initiatoren und Mitbegründer zahlreicher multinationaler Gremien und Organisationen, wie den Vereinten Nationen, der Welthandelsorganisation (ehemals GATT), der Weltbank und der NATO oder der KSZE. Zugleich verwahrt sich die Politik der USA seit ihrem Bestehen gegen eine mögliche Beschneidung der eigenen Souveränität durch internationale Abkommen. So lehnen die USA etwa die Unterzeichnung internationaler Klimaschutzabkommen wie des Kyoto-Protokolls, die Unterstützung des Internationalen Strafgerichtshofes und der Ottawa-Konvention gegen die Verbreitung von Antipersonenminen ab. Bilaterale Handels- und Verteidigungsabkommen spielen daher trotz ihres Universalanspruches eine wesentlich größere Rolle als beispielsweise bei den meisten Mitgliedern der Europäischen Union.

Abhängig vom innenpolitischen weltweiten Fokus räumen die Vereinigten Staaten einzelnen außenpolitischen Anstrengungen Priorität ein und summieren diese zu moralisch verstärkten Begrifflichkeiten. Dazu zählen der „Krieg gegen den Terror" (*War on Terrorism*), der Krieg gegen Drogen (*War on Drugs*) und der Kampf gegen Armut (*War on Poverty*).

Durch die überragende politische, wirtschaftliche wie auch militärische Position der Vereinigten Staaten und ihre zunehmend offensive Einflussnahme auf Politik und Wirtschaft der gesamten Staatengemeinschaft polarisiert die Außenpolitik des Landes wie sonst kaum eine andere. Kritisiert werden vor allem die zahlreichen militärischen Interventionen im Ausland, die durch die Globalisierung verursachten weltweiten sozialen Umwälzungen sowie Menschenrechtsverletzungen im Umgang mit mutmaßlichen Terroristen und Kriegsgefangenen.

Verbündete der USA finden sich unter anderem in der NATO. Darüber hinaus unterhalten sie enge diplomatische und strategische Beziehungen zu Nationen außerhalb der NATO (siehe *Major non-NATO ally*). Teils handelt es sich dabei um demokratisch und marktwirtschaftlich orientierte Länder, die sich von benachbarten politischen Akteuren existenziell bedroht sehen, wie zum Beispiel Israel, Südkorea oder Taiwan, teils um durch historische Vorgänge eng verbündete Staaten wie Japan, die Philippinen und Australien und teils um vor allem strategisch wichtige Partner wie Pakistan, Jordanien und Kuwait. Die mit Abstand stärksten Beziehungen unterhalten die Vereinigten Staaten mit dem Vereinigten Königreich, das einzige Land, mit dem sie selbst in so sensiblen Bereichen wie der Nukleartechnologie zusammenarbeiten. Die USA betreiben weltweit nach eigenen Angaben 766 Militärstützpunkte unterschiedlicher Größe in 40 Ländern (davon 293 in Deutschland, 111 in Japan und 105 in Südkorea; Stand von 2006).[59]

Militär

Die Streitkräfte der Vereinigten Staaten sind das kostenintensivste und in Zahlen zweitgrößte Militär der Welt (nach der chinesischen Volksbefreiungsarmee). Sie sind global aufgestellt; die geltende Armeedoktrin sieht vor, dass die USA in der Lage sein müssen, weltweit gleichzeitig zwei regionale Kriege siegreich zu führen. Zur Zeit (2009) sind jedoch starke Kräfte im Irak als Besatzungsmacht gebunden. Die Streitkräfte sehen sich zunehmend der asymmetrischen Kriegführung ausgesetzt. Diese Entwicklung ist in ihrer Geschichte vor allem ab dem Vietnamkrieg eingetreten.

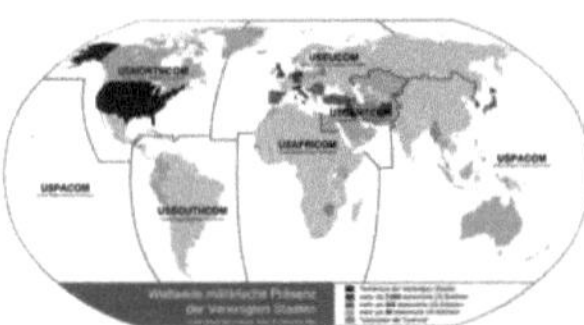

Weltweite militärische Präsenz der Vereinigten Staaten

Die Streitkräfte sind unterteilt in Heer (*Army*; etwa 561.000 Soldaten), Luftwaffe (*Air Force*; etwa 336.000 Soldaten), Marine (*Navy*; etwa 330.000 Soldaten) und Marineinfanterie (*Marine Corps*; etwa 202.000 Soldaten), gesamt ca. 1.430.000 Soldaten per 30. April 2011.[61] Die Küstenwache (*Coast Guard*; rund 44.000 Mann) ist eine zivile Einrichtung, die im Kriegsfall der Marine unterstellt werden kann und über begrenzte militärische Kapazitäten verfügt. Darüber hinaus unterhält jeder Bundesstaat Einheiten der Nationalgarde (*National Guard*). Das sind Milizverbände, die normalerweise dem Gouverneur des jeweiligen Bundesstaates unterstellt sind, aber auf

Die U.S. Army und das US Marine Corps verfügen zusammen über 5970 M1-Kampfpanzer.[60]

Die USA liegen mit rund 400 Mrd. US-Dollar Militäretat weltweit deutlich an erster Stelle.

Weisung des Präsidenten als Teil der Armee im Ausland eingesetzt werden können. Die Wehrpflicht existiert nur noch nominell und kam seit dem Vietnamkrieg nicht mehr zur Anwendung.

Die Vereinigten Staaten von Amerika waren die erste Atommacht der Welt und haben mit den Atombombenabwürfen auf Hiroshima und Nagasaki als bislang einziger Staat in einem Krieg Kernwaffen eingesetzt. Amerikanische Rüstungsunternehmen sind vor allem in der Luftfahrt weltweit führend. Hinsichtlich Heereswaffen verlieren die US-Rüstungsunternehmen an Bedeutung.

Die Militärausgaben der USA beliefen sich 2004 auf rund 437 Mrd. US-Dollar. Das entspricht 47 % der weltweiten Rüstungsausgaben. Die Militärausgaben der USA übersteigen damit die Summe der Rüstungsausgaben der nächsten 20 Staaten und sind sechsmal so hoch wie die von China, das weltweit an zweiter Stelle liegt.

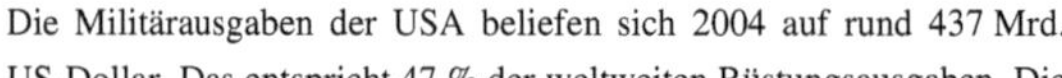

Militärische Entwicklungen, gerade technologischer Art, sind vor allem für die Verbündeten der USA in der NATO wegweisend. Die staatskritische Tendenz, die dazu führte, dass das Militär der USA in seiner Geschichte bis zum Eintritt der Vereinigten Staaten in den Zweiten Weltkrieg eine geringe Größe hatte, wurde im Kalten Krieg zunehmend von der Angst vieler Amerikaner vor dem Kommunismus überlagert. Dadurch ist die ursprüngliche Idee, dass das Militär als äußerstes Instrument staatlicher Gewalt eine Gefahr für die Bürger darstellt, im Schwinden begriffen.

Seit dem Zweiten Weltkrieg hat sich für die USA die Unterstützung befreundeter Nationen durch größere Waffenlieferungen als probates Mittel zur passiven Unterstützung in Krisenzeiten bewährt. Im Zweiten Weltkrieg ermöglichte das Leih- und Pachtgesetz die Lieferung von schwerem Gerät zuerst an Großbritannien und den Commonwealth, später auch an die Sowjetunion, was das militärische Gleichgewicht stark zu Ungunsten der Achsenmächte verschob. Nach dem Zweiten Weltkrieg wurde etwa Persien durch Lieferung von modernen Flugzeugen, Panzern und Raketen zur Vormachtstellung im Nahen Osten verholfen. Als sich durch Umsturz des Schahregimes die Freundschaft zu den Vereinigten Staaten in Feindschaft umkehrte, gingen die USA in den 1980ern zur Belieferung des Irak unter Saddam Hussein über, der sich dem Westen als Gegner des Iran anbot und den Ersten Golfkrieg gegen den Iran führte.

Wirtschaft

Wirtschaftliche Situation

Die Vereinigten Staaten waren mit einem Bruttoinlandsprodukt (BIP) von 14,1 Billionen US-Dollar (4. Quartal 2007) die größte Volkswirtschaft der Welt sowie mit 46.460 US-Dollar (rund 30.000 Euro) das Land mit dem weltweit achthöchsten BIP pro Kopf. Der Dienstleistungssektor erwirtschaftete etwa 73 % des realen BIPs, davon etwa ein Drittel im Banken-, Versicherungs- und Immobiliengeschäft. Das verarbeitende Gewerbe trug rund 23 % und Landwirtschaft sowie Bergbau je knapp 1,6 % bei.

Das Wirtschaftswachstum lag 2007 bei 2,2 %,[62] die Inflationsrate bei 2,8 %. Die Arbeitslosenquote betrug durchschnittlich 4,6 %,[63] [64] stieg jedoch mit der Weltwirtschaftskrise auf 10,2 % im Oktober 2009. Zählt man auch entmutigte Arbeitnehmer, die sich nicht mehr registrieren lassen sowie Teilzeitarbeitnehmer, die einen Vollzeit-Arbeitsplatz wollen, so liegt die Arbeitslosigkeit bei 17,5 % und damit auf dem Niveau der großen Depression der 1930er Jahre.[65] [66]

Seit Ronald Reagan sind die Eingriffe des Staates in die Wirtschaftsabläufe drastisch reduziert worden.[67] Es gibt in einigen Wirtschaftsbereichen dennoch eine staatliche oder kommunale Aufsicht, so beispielsweise bei der Stromversorgung die *Public Utility Commission* der einzelnen Bundesstaaten.

Die Steuerung durch die seit 1913 bestehende Federal Reserve System („Fed"), die die Aufgaben einer staatlichen Zentralbank übernahm, hat allerdings in den letzten Jahren erheblich zugenommen. Griff sie bis 2008 nur über die Steuerung der Geldmenge bzw. der Leitzinsen in das Wirtschaftsgeschehen ein, so tritt sie seither als Kreditgeber auch außerhalb des Bankensystems und als Garantiegeber auf. Als Präsident der Fed folgte Ben Bernanke 2006 auf Alan Greenspan (1987–2006).

Der Import belief sich 2007 auf Waren im Wert von 1964,6 Mrd. Dollar, der Export auf 1149,2. Daraus ergab sich ein Handelsbilanzdefizit von 815,4 Milliarden. Zudem wurden Dienstleistungen im Wert von 372,3 Milliarden importiert, während 479,2 in den Export gingen. Der daraus resultierende Überschuss von 106,9 Mrd. reduzierte das Gesamtdefizit auf 708,5 Mrd. Dollar.[68]

Der Median für das jährliche Bruttoeinkommen amerikanischer Haushalte lag bei 43.389 Dollar, jedoch hatten circa 16 % aller Haushalte ein Bruttoeinkommen von über 100.000 US-Dollar.[69] Dabei verdienten die oberen zwanzig Prozent aller amerikanischen Haushalte mehr als 88.030 US-Dollar brutto im Jahr, während das untere Fünftel weniger als 18.500 verdiente.[70]

Bildung und ethnische Zugehörigkeit hatten starken Einfluss auf das Einkommen. Während der Median des Bruttohaushaltseinkommens für asiatische Haushalte bei 57.518 US-Dollar lag, betrug er nur 30.134 US-Dollar für schwarze.[71] Der gleiche Median lag für eine Person mit High-School-Abschluss bei 25.900 US-Dollar, bei Personen mit einem akademischen Grad bei 81.400.[72]

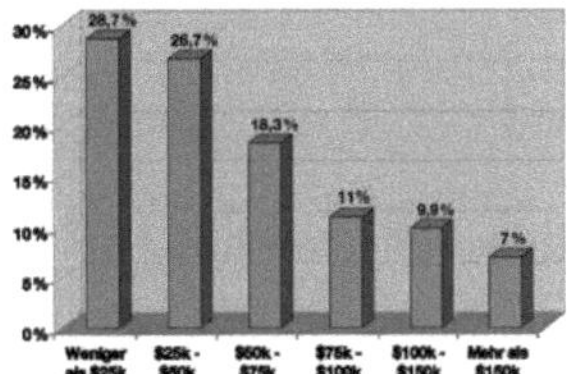

Prozentualer Anteil der Haushalte in den jeweiligen Einkommensgruppen.[69]

Die Armutsschwelle wurde 2006 bei einem Jahreseinkommen von 20.614 US-Dollar (15.860 Euro) für eine vierköpfige Familie und von 10.294 US-Dollar (7920 Euro) für eine alleinstehende Person angesetzt. 36,46 Millionen lebten unterhalb dieser Grenze.[73]

Der amerikanische Mindestlohn sichert den Beschäftigten einen Stundensatz von 5,15 US-Dollar zu. Zahlreiche Bundesstaaten schreiben allerdings in davon abweichenden Gesetzen einen zum Teil deutlich höheren Mindestlohn vor.

Staatshaushalt

Der Staatshaushalt umfasste 2009 Ausgaben von 3,52 Bio. US-Dollar, dem standen Einnahmen von 2,1 Bio. US-Dollar gegenüber. Daraus ergibt sich ein Haushaltsdefizit in Höhe von 9,8 % des BIP.[74] Das Defizit 2009 betrug 1.416 Mrd. US-Dollar und das Defizit 2010 betrug 1.294 Mrd. US-Dollar. [75]

Die Staatsverschuldung der USA betrug im Dezember 2010 13,8 Bio. US-Dollar oder 94,3 % des BIP.[4] Die lokalen Schulden belaufen sich nach der US Debt Clock [4] per Dezember 2010 auf 1,7 Bio. US-Dollar, die Schulden der 50 Bundesstaaten insgesamt auf rund 1,1 Bio. US-Dollar. Die Schulden dieser drei öffentlichen Ebenen belaufen sich zusammen auf 16,6 Bio. US-Dollar bzw. 113,7 % des BIP. Nach Angaben des US-Finanzministeriums besitzt China zum Jahresende 2010 US-Staatsanleihen im Wert von 1,16 Billionen Dollar und ist damit der größte ausländische Gläubiger der USA.[76]

2006 betrug der Anteil der Staatsausgaben (in % des BIP) folgender Bereiche:

- Gesundheit:[77] 15,3 %
- Bildung:[74] 5,3 % (2005)
- Militär:[74] 4,1 % (2005)

Verkehr

Das Verkehrsnetz ist polyzentrisch aufgebaut: Straßen, Schienen und Flugverbindungen laufen vor allem sternförmig auf New York, Philadelphia, Atlanta, Chicago, Houston, Charlotte, Dallas, Denver, Los Angeles und Seattle zu.[78]

Für die Infrastruktur, darunter auch das Straßensystem, wurden 2005 etwa 100 Mrd. US-Dollar ausgegeben, das entsprach der Hälfte der Investitionen für Infrastruktur in China. Der Zustand von 70.000 Brücken gilt offiziell als mangelhaft.[79]

Der Güterverkehr wird vor allem von Eisenbahn und LKWs geleistet. Ihre Transportleistungen betrugen 1998: Eisenbahn 2010 Mrd. tkm, Straße 1499, Binnenschiff 521, Pipelines 905 Mrd. tkm.

Demgegenüber findet der Personentransport mit Ausnahme des im Fernverkehr dominierenden Flugverkehrs praktisch ausschließlich auf der Straße (Individualverkehr oder Überlandbusse) statt. Die Bahn ist außerhalb des Nordostens als Personentransportmittel praktisch nicht mehr existent.

Die Städte sind sehr stark auf diese Verteilung ausgelegt. Die Innenstädte sind klein und werden überwiegend für Büro- und Geschäftsräume denn als Wohnfläche genutzt. Um sie herum befinden sich Gebiete mit Mehrfamilienhäusern, in denen vornehmlich die Unterschicht lebt, die sich kein Auto leisten kann. Weiter außen befinden sich oft weitläufige Wohngebiete aus Einfamilienhäusern ohne jegliche Einkaufsmöglichkeiten. Die Einkaufszentren (Malls) sind häufig so gelegen, dass ein Einkauf ohne Auto kaum möglich ist.

Im Mittelstreckenverkehr existiert ein landesweites Netz von inner- und zwischenstaatlichen Fernstraßen (U.S. Highways und Interstate-System). Insbesondere für den Verkehr innerhalb der Bundesstaaten, teilweise aber auch für Langstrecken, hat der Überlandbusverkehr große Bedeutung. Bekannt sind die Greyhound Lines.

Eisenbahn

Siehe Liste nordamerikanischer Eisenbahngesellschaften und Union Pacific Railroad

Für den Massengüterverkehr über lange Strecken spielt die im Güterverkehr von verschiedenen privaten Gesellschaften betriebene Eisenbahn noch heute eine große Rolle. Doch ist diese nicht mehr mit den Jahrzehnten seit der Verkehrserschließung durch die transkontinentalen Eisenbahnen zu vergleichen. Weite Teile des Streckennetzes sind nicht elektrifiziert und werden mit Diesellokomotiven bedient, viele Strecken sind zudem schlecht ausgebaut und marode. Der Güterverkehr hat im Vergleich zu anderen Ländern eine wesentlich höhere Produktivität, das Haupttransportgut auf der Schiene ist Kohle (45 % des Gütervolumens).[80]

Dampflokomotive, um 1847

In den städtischen Ballungsgebieten der Ostküste, Kaliforniens und im Raum Chicago hat der Personenverkehr auf der Schiene eine gewisse Rolle behalten, die er teilweise sogar wieder ausbauen konnte, beispielsweise mit dem Acela Express zwischen Washington D.C. und Boston, welcher eine Durchschnittsgeschwindigkeit von 140 km/h erreicht. Die weiten Strecken zwischen den städtischen Agglomerationen werden fahrplanmäßig bedient, jedoch liegt die Hauptbedeutung hier eher im touristischen Bereich – vergleichbar den Schienenkreuzfahrten in Europa, auch aufgrund meist sehr langer Fahrzeiten und geringer Geschwindigkeiten. Insgesamt hat der Schienenverkehr nur einen sehr geringen Anteil am gesamten

Personenverkehr in den USA, bei weitem geringer als in anderen Staaten. Der Personenverkehr wird hauptsächlich von der Gesellschaft Amtrak betrieben.

Elektrolokomotive von Amtrak

Derzeit plant die US-Regierung den Aufbau eines Hochgeschwindigkeitsnetzes auf zehn Korridoren zwischen verschiedenen großen Ballungsräumen, u.a. an der Westküste in Kalifornien und an der Ostküste, verteilt über die nächsten sechs Jahre. Vor allem aufgrund des überlasteten Straßen- bzw. Flugverkehrs sei dies langfristig sinnvoll. Insgesamt kostet das Projekt 53 Milliarden US-Dollar (ca. 39 Milliarden Euro), hauptsächlich finanziert aus dem Konjunkturpaket der USA.[81]

Flugverkehr

Wichtiger Verkehrsträger im Personenverkehr für Lang- und Mittelstrecken ist der Flugverkehr. Bedeutende Flughäfen befinden sich in New York, Atlanta, Boston, Chicago, Dallas, Denver, Houston, Charlotte, Salt Lake City und Los Angeles. Kleine Flughäfen mit planmäßigem Betrieb gibt es in nahezu jeder Kleinstadt.

Seeschifffahrt

Die größten Seehäfen befinden sich unter anderem in Boston, Chicago (über den Sankt-Lorenz-Großschifffahrtsweg), New York, Houston, Los Angeles, San Francisco und Seattle.

Kultur

Chinatown in New York

Die amerikanische Kultur ist geprägt von der Vielfalt der ethnischen Einflüsse und Traditionen, die zahlreiche Einwanderergruppen mitbrachten. Erst in den 1930er Jahren bildete sich durch die Massenmedien eine einheitliche amerikanische Populärkultur heraus.

Die frühe Kulturproduktion in den USA war vor allem durch die englische „Leitkultur" geprägt, die aber aufgrund der neuen, einzigartigen Verhältnisse schnell an Eigenständigkeit gewann. Den afrikanischen Sklaven wurde eine Ausübung ihrer kulturellen Traditionen und eine eigene Kulturproduktion verboten, so dass sie sich stark an europäischen Mustern orientieren mussten. Jedoch konnten Elemente ihrer Ursprungskulturen im Geheimen aufrechterhalten werden.

Im 20. Jahrhundert lösten sich amerikanische Künstler von den Vorbildern der Alten Welt. Die unterschiedlichen kulturellen Disziplinen wurden in neue Richtungen erweitert.

Zur zeitgenössischen Kunst- und Unterhaltungsszene in den USA gehörten die Verjüngung der Musik, Neuentwicklungen im Modernen Tanz, die Verwendung ureigener amerikanischer Themen im Theater, die Filmproduktion in ihrer ganzen Bandbreite und die Globalisierung der Bildenden Künste.

In den Vereinigten Staaten gibt es – ähnlich wie in Deutschland, aber anders als in Frankreich – kein zentrales Kultusministerium, das eine landesweite Kulturpolitik steuert. In dieser Tatsache spiegelt sich die Überzeugung wider, dass es Bereiche im gesellschaftlichen Leben gibt, in denen die Regierung nur eine kleine oder gar keine Rolle spielen sollte. Die zwei nationalen Stiftungen für Kunst und Geisteswissenschaften – „National Endowment for the Arts" (NEA) und „National Endowment for the Humanities" (NEH) – unterstützen mit Zuschüssen sowohl einzelne Künstler und Wissenschaftler als auch Institutionen, die im Bereich der Kunst und Geisteswissenschaften tätig sind. Seit der „Republican Revolution“ 1994, bei der die Republikaner im Kongress die Mehrheit errangen, wurden beide Stiftungen sowie auch die öffentlichen Rundfunkanstalten PBS und NPR immer wieder durch Mittelkürzungen bedroht, oft begleitet von dem Vorwurf, sie betrieben eine „linke“ Politik zugunsten einer „Elite“. Insbesondere Kunst, die von christlich-fundamentalistischen oder stark römisch-katholischen Kreisen kritisch betrachtet wird, wird ein Zielpunkt dieser Drohungen.

Während das Budget der NEA, das sich 2003 auf 115 Millionen US-Dollar belief, verglichen mit der Kulturförderung anderer Länder bescheiden war, so machten von jeher private Spenden den Großteil der Kulturförderung aus. Diese privaten Spenden wurden für das Jahr 2002 auf ungefähr 12,1 Milliarden US-Dollar geschätzt.

Indigene Kultur

Die Kulturformen der rund 350 als Stämme (*tribes*) betrachteten Indianergruppen, deren Angehörige sich als *American Indians* oder *Native Americans* bezeichnen und im Hauptteil der USA leben, sind nicht einheitlich, auch die in Alaska lebenden 225 anerkannten Stämme der *Alaska Natives* unterscheiden sich erheblich, erst recht die Gruppen auf Hawaii. Innerhalb des Landes, zwischen Stadt und Land, sowie zwischen den ethnischen Gruppen sind die Unterschiede denkbar groß. Sie entwickelten eigene Identitäten und kulturelle Strukturen, die sich Kulturarealen zuordnen lassen, die Zahl der Sprachen war sehr hoch, jedoch sind viele von ihnen vom Aussterben bedroht. Die größte Sprache mit rund 150.000 Sprechern ist das Navajo.

An der Pazifikküste war die Kultur von Fischfang dominiert, oder vom Walfang, wie bei den Makah im Nordwesten Washingtons. Dort finden sich gewaltige Totempfähle, deren größter in Washington steht. Im Binnenland dominierten berittene Jagd, Sammeln und Flussfischerei. In den großen Ebenen, den Plains, stand die Bisonjagd im Mittelpunkt, in anderen der Elch. Durch die Aufkunft des Pferdes entwickelte sich ab dem 17. Jahrhundert ein Reiternomadismus, der weiträumige Völkerbewegungen in Gang setzte. Der Osten hingegen wurde ab 1830 weitgehend entvölkert (Pfad der Tränen), so dass der indianische Kultureinfluss hier lange weniger zu spüren war.

Ähnlich wie die Literatur verfolgt die indianische Kunstszene nicht nur traditionelle Elemente, sondern verbindet sie mit von Europa inspirierten Mitteln der amerikanischen Kultur. Andere Indianerkünstler produzieren losgelöst von diesen Traditionen in deren Genres und mit deren Mitteln. Meist stehen in der Literatur ökologische Probleme, Armut und Gewalt, entmenschte Technik oder Spiritualität im Vordergrund. Dabei reicht die schriftliche Tradition bis in das frühe 19. Jahrhundert zurück, riss jedoch immer wieder ab: William Apes: *The Experience of William Apes, a Native of the Forest* (1831), ein Pequot, George Copway, ein Anishinabe und Elias Johnson, ein Tuscarora sind frühe Beispiele. Die Novelle *Laughing Boy* von Oliver La Farge (1929) wurde erst in den 1960er Jahren wieder aufgenommen. Der Kiowa N. Scott Momaday erhielt 1969 den Pulitzer-Preis für *House Made of Dawn*, Vine Deloria publizierte *Custer Died For Your Sins. An Indian Manifesto*. Den nationalen Rahmen sprengte Dee Browns *Bury My Heart At Wounded Knee* von 1970.

Musik

Ein wesentlicher Beitrag der USA zur Weltkultur ist die Entwicklung des Jazz, der als erste eigenständige Musikform der USA gilt, des Blues und des Country, aus deren Zusammenführung in den 1950er Jahren der Rock 'n' Roll entstand. Diese Musikkultur ist einzigartig durch den Zusammenfluss afroamerikanischer mit europäischer Folklore und bildet heute eine zentrale Grundlage der populären Kultur der westlichen Welt.

Dizzy Gillespie, 1955

Literatur

John Smiths *Generall Historie of Virginia* (1624)

Die Literaturproduktion knüpfte in keiner Weise an die Traditionen der Indianer an, sondern setzte mit Reiseberichten und Geschichtsschreibung ein, hinzu kamen Tagebücher und theologische Literatur. Das erste gedruckte Buch war das Bay Psalm Book von 1640. Die wichtigsten puritanischen Dichter waren Edward Taylor und Anne Bradstreet (*The Tenth Muse Lately Sprung Up in America*, London 1650).

1704 verfasste Sarah Kemble Knight den Bericht einer Reise von Boston nach New York *(The Journal of Madam Knight)*, womit die Landschaft erstmals eine Auseinandersetzung erzwang. Mit den Gefangenschaftsberichten bei Indianern drangen zudem interkulturelle Kontakte und Fremdheit in die Literatur vor, wie etwa bei Mary Rowlandson oder John Smiths Bericht über seine angebliche Rettung durch Pocahontas. Als wichtigstes Werk der puritanischen Geschichtsschreibung gelten die *Magnalia Christi Americana* (1702) von Cotton Mather.

Zahlreiche politische Essays und Satiren, die in England wie in Amerika gelesen wurden, stammten aus der Feder von Benjamin Franklin. Patriotismus prägte die Literatur der Gründungsjahre. Philip Freneau wurde zum „Dichter der amerikanischen Revolution" und zeichnete ein wohlwollendes Bild der Indianer. Webster kompilierte von 1806 bis 1828 sein *An American Dictionary of the English Language*. Auf seine Rechtschreibform gehen zahlreiche Unterschiede des amerikanischen gegenüber dem britischen Englisch zurück.

Charles Brockden Brown griff die englische Tradition der *Gothic Novel* auf, und gilt als Wegbereiter des psychologischen Romans. Washington Irving und James Fenimore Cooper waren von den historischen Romanen Sir Walter Scotts beeinflusst. Irving wird oft als Begründer der (Kurzgeschichte) bezeichnet. Cooper erfasste im „Lederstrumpf" (1823–41) die Frontiererfahrung und präsentierte Indianer als „edle Wilde".

Die amerikanische Romantik, häufig als *American Renaissance* bezeichnet, erreichte ihren Höhepunkt über 30 Jahre nach der europäischen. Von Ralph Waldo Emerson ging der Transzendentalismus aus. Er berief sich auf Immanuel Kants Transzendentalphilosophie, verband sie jedoch mit fernöstlicher und indischer Philosophie. Sein *The American Scholar* von 1837 wurde als „kulturelle Unabhängigkeitserklärung" der USA bezeichnet.

Henry David Thoreau lebte zwei Jahre in einer Blockhütte. Sein Streben nach einem alternativen Lebensentwurf machte sein über diese zwei Jahre berichtendes *Walden* in den 1960er Jahren zu einem Kultbuch der Hippiebewegung. Thoreaus politischer Essay *Ziviler Ungehorsam* (1849) beeinflusste Martin Luther King ebenso wie die Umweltbewegung.

Walt Whitman stellte in freien Versen die Körperlichkeit in den Vordergrund, Nathaniel Hawthorne war dagegen von einem tiefen Skeptizismus geprägt. Seine Themen waren Schuld, Strafe und Intoleranz, etwa in der Gesellschaft seiner puritanischen Vorfahren. In *Die Blithedale-Maskerade* 1841 schilderte er das Scheitern einer utopischen Kommune.

Herman Melvilles *Moby Dick* (1851) war eine Reflexion über die Fragen des Daseins, über Gut und Böse, die Begrenztheit der menschlichen Erkenntnisfähigkeit. Dieses und seine Spätwerke, wie *Bartleby der Schreiber*, wurden erst lange nach seinem Tod anerkannt.

Edgar Allan Poes Kurzgeschichten beeinflussten die Entwicklung der phantastischen und der Horrorliteratur, mit *Der Doppelmord in der Rue Morgue* erfand er die Detektivgeschichte. Poe gelang es mittels einer Dichtungstheorie (*Die Methode der Komposition*, *Das poetische Prinzip*) die Lyrik in das Gebiet symbolistischer und lautpoetischer Sprachkunst zu entwickeln.

Der Konflikt zwischen Nord- und Südstaaten um die Sklaverei wurde auch mit literarischen Mitteln ausgetragen. 1789 erschien die Autobiografie Olaudah Equianos, Harriet Beecher Stowes *(Onkel Toms Hütte)* (1852) wurde im Norden ein Bestseller.

Herausragend sind Faulkners Yoknapatawpha-Romane (1930er), Stephen Vincent Benéts *John Brown's Body* (1928) und nicht zuletzt Margaret Mitchells *Vom Winde verweht* (1936). Die Südstaaten schwankten zwischen Nostalgie und scharfer Kritik. Der Dichter und Musiker Sidney Lanier schrieb düstere Oden, Kate Chopin über die kreolisch geprägte Gesellschaft Louisianas. Mark Twains – *Die Abenteuer des Huckleberry Finn* (1885) – oder Frank Norris' *local color literature* exponierten regionale Eigenheiten und Dialekte.

Das Massenelend in den Städten wurde zum Thema. Jack London zog während des Klondike-Goldrauschs in den äußersten Norden (*Ruf der Wildnis*). Frank Norris gehörte wie London der radikalen Literaturszene San Franciscos an. Seine Romane thematisierten das harte Leben in Kalifornien, dem vermeintlichen Gelobten Land (*Gier nach Gold*, 1899). Upton Sinclair deckte in *Der Sumpf* (1906) die Missstände in den Schlachthöfen Chicagos auf.

T. S. Eliot oder W. H. Auden, Ezra Pound und Hilda Doolittle (H. D.) gelten als Vertreter der Moderne. Viele amerikanische Schriftsteller verbrachten einige Zeit in Europa; Stein schuf für sie den Begriff („Verlorene Generation"). John Dos Passos schrieb mit *Manhattan Transfer* den bekanntesten Großstadtroman. Als 1927 die Anarchisten Sacco und Vanzetti hingerichtet wurden, hielten vor den Gefängnistoren John Dos Passos, Langston Hughes und Edna St. Vincent Millay Mahnwache. Viele Schriftsteller wandten sich dem Sozialismus zu. Die „proletarische Literatur" erreichte mit Werken wie Dos Passos' *U.S.A.*-Trilogie (1930–36) und John Steinbecks *Früchte des Zorns* (1939) ihren Höhepunkt.

Die zwölf Autoren des Pamphlets *I'll Take My Stand* und ihre Nachfolger wurden als Southern Agrarians bekannt; sie wandten sich gegen Rationalität, Industrialisierung und Verstädterung. Eliot veröffentlichte 1922 das wohl bekannteste Gedicht der englischsprachigen Moderne: *Das wüste Land*.

Gertrude Steins Gedichte sind oft mehr dem Klang als dem Sinn verpflichtet. Ein Extrem der Prosa stellt der knappe Stil Ernest Hemingways dar, ein entgegengesetztes die wuchernden Sätze William Faulkners. Sein Werk (Literaturnobelpreis 1950) wurde in Frankreich insbesondere von Jean-Paul Sartre und anderen Existenzialisten, in Deutschland von Gottfried Benn gefeiert. Den größten Einfluss hatte er aber wohl auf die lateinamerikanische Literatur, insbesondere des magischen Realismus. Sherwood Anderson und Thomas Wolfe waren Vorbilder Faulkners. F. Scott Fitzgeralds Werke beobachteten die gehobene Gesellschaft New Yorks oder die Exilanten-Bohème, und so wurde er zum Chronisten der „wilden Zwanziger". In *Der große Gatsby* (1925) griff er den amerikanischen Erfolgsmythos auf.

Mit der Harlem Renaissance begann um 1920 eine Blütezeit der afroamerikanischen Literatur, stark beeinflusst von Alain LeRoy Lockes Anthologie *The New Negro* (1925). Richard Wright und Ralph Ellison gehörten der Generation an, die auf die der Harlem Renaissance folgte und in ihr Vorbilder fand, aber deren Optimismus der Resignation gewichen war. Wrights *Native Son* (1940) und Ellisons *Der unsichtbare Mann* (1951) gelten als die zentralen Werke.

Nach dem Zweiten Weltkrieg erschienen Norman Mailers *Die Nackten und die Toten* und Gore Vidals *Williwaw*, James Jones' (*Verdammt in alle Ewigkeit)* und Herman Wouks *Die Caine war ihr Schicksal.* Mailer verarbeitete sein Engagement in der Antikriegsbewegung in *Heere aus der Nacht*, für den er *„faction"* (Neubildung aus *fact* und *fiction*) als neue Literaturgattung erfand. Vidal löste 1948 mit *Geschlossener Kreis* einem der ersten schwulen Romane, einen Skandal aus.

Henry Miller pflegte eine ablehnende Haltung: *Der klimatisierte Alptraum* (1945) ist einer seiner Titel und zugleich sein Spottname für die USA. Er erlangte mit *Wendekreis des Krebses* (1934) und *Wendekreis des Steinbocks* (1939) einen Ruf als Skandalautor. Seine Werke sind – wie auch die Trilogie *Nexus, Plexus, Sexus* (1948–60) – jedoch eher als spirituelle Biografie und Zeugnisse mystischer Neigungen interessant.

In den späten 1940er Jahren bildete sich um Allen Ginsberg, Jack Kerouac, Gregory Corso und William S. Burroughs eine neue literarische Bohème, die als Beat Generation bezeichnet wurde. Der kulturelle Einfluss der *beat poets* zeigt sich darin, dass die nonkonformistische Jugendbewegung um 1960 nach ihnen als Beatniks bezeichnet wurde. Ginsbergs Gedichte stehen in ihrer freien Form, im radikalen Individualismus und visionären Drang in der Tradition Whitmans, sind aber zugleich ironisch-verzweifelte Kommentare zum Zustand der Gesellschaft. So wurde er in den 1960er Jahren zu einer Symbolfigur der Hippies.

Jack Kerouacs bekanntester Roman *On the Road* beschreibt eine Reise zweier junger Männer auf der Flucht vor Zwängen und auf der Suche nach Sinnesfreuden und spiritueller Erfüllung als Gegenentwurf gegen Materialismus und Konformitätszwang. Eine zentrale Figur der Hippiebewegung wurde auch Ken Kesey (*Einer flog über das Kuckucksnest*).

In den 1960er und 1970er Jahren wurden im engeren Sinne experimentelle Autoren wie Vladimir Nabokov, Thomas Pynchon und John Barth als „postmodern" bezeichnet. Heute wird oftmals die gesamte Literaturproduktion etwa ab 1960 unter dem Begriff der Postmoderne gefasst, weil sie als Produkt einer postmodernen Gesellschaft begriffen wird. Wege gemeinschaftlichen literarischen Schaffens erproben Systeme wie NaNoWriMo.

Massenmedien

In dem im 20. Jahrhundert stattfindenden Prozess der Durchdringung aller Bereiche des täglichen Lebens durch Medien haben die USA immer eine Vorreiterrolle gespielt. Schon in der ersten Hälfte des 19. Jahrhunderts ist die Entstehung einer Boulevardpresse zu beobachten. Auch die massenhafte Verbreitung von Radio, Fernsehen, Computer und Internet erfolgte hier früher als im Rest der Welt. 1998 besaßen bereits 53 % der Haushalte einen eigenen Personal Computer.

Geschichte und Verfassungsverständnis

Bereits in den Gründerkolonien entwickelte sich rasch ein Zeitungswesen. Die erste von den Briten allerdings gleich wieder verbotene Zeitung namens *Publick occurences, Both Foreign and Domestik* erschien bereits 1690. Zu Beginn des 18. Jahrhunderts wurden bereits regelmäßig Zeitungen veröffentlicht, und während der Revolution zeigte sich eine rege Presse- und Flugblattagitation. Der Pressefreiheit wurde im ersten Verfassungszusatz dann 1791 auch ein prominenter Platz eingeräumt. In den USA herrschte schon früh die Überzeugung, dass das allgemeine Wohl am besten durch einen, wie es Oliver W. Holmes 1919 formulierte, *„freien Austausch/Handel von Ideen und Vorstellungen“ („free trade of ideas“)* erreicht werde. [82] Diese Funktion des ersten Zusatzartikels bestätigte der Supreme Court im Jahr 1969:

> *"It is the right of the viewers and listeners, not the right of the broadcasters, which is paramount. It is the purpose of the First Amendment to preserve an uninhibited marketplace of ideas in which truth will ultimately prevail, rather than to countenance monopolization of that market"*[83]

Medienkonzerne

Time Warner ist ein Medienunternehmen mit zahlreichen Geschäftsfeldern. Zu Time Warner gehören unter anderem das Film- und Fernsehstudio Warner Bros., der Pay-TV-Sender Home Box Office (HBO) und die Time Inc. Buch- und Zeitschriftenverlage. Viacom ist ein amerikanischer Medienkonzern mit Beteiligungen an MTV Networks und Paramount Pictures. NBC Universal ist das drittgrößte Medienunternehmen der Welt, nach Time Warner und Viacom. Zu NBC Universal gehören die amerikanischen Sender National Broadcasting Company (NBC), USA Network und MSNBC, sowie das Filmunternehmen Universal Studios. Die News Corporation ist ein Medienkonzern des Hauptaktionärs Rupert Murdoch. Die News Corporation hat zahlreiche Beteiligungen an Film- und Fernsehunternehmen, Zeitungs- und Buchverlagen. Zu den Beteiligungen gehören u. a. die Unternehmen 20th Century Fox, Fox Broadcasting Company, New York Post und Dow Jones (Wall Street Journal).

Siehe auch: Tageszeitungen in den Vereinigten Staaten

Schulsystem

Zum Schulsystem siehe den Artikel Schulsystem der Vereinigten Staaten.

Wissenschaft

Seit den Anfängen als unabhängige Nation haben die Vereinigten Staaten durch Ermöglichung des freien Austausches von Ideen, der Verbreitung von Wissen und durch die Aufnahme kreativer Menschen aus aller Welt Wissenschaft und Erfindungen gefördert. Die Verfassung spiegelt den Wunsch nach wissenschaftlicher Aktivität wider. Sie gibt dem Kongress die Befugnis, „[…] den Fortschritt der Wissenschaft und nützlicher Künste zu fördern, indem Urhebern und Erfindern für eine begrenzte Zeit das Exklusivrecht auf ihre jeweiligen Schriften und Entdeckungen zugesichert wird […]“. Diese Bestimmung ist Grundlage für das Patent- und Warenzeichensystem der Vereinigten Staaten.

Zwei der Gründerväter der USA waren selbst namhafte Wissenschaftler. Benjamin Franklin führte mit einer Reihe von Experimenten den Nachweis, dass der Blitz eine Art von Elektrizität ist, und erfand den Blitzableiter. Thomas Jefferson studierte Landwirtschaft und führte neue Reis-, Olivenbaum- und Grassorten in die Neue Welt ein.

Im 19. Jahrhundert stammten die führenden neuen Ideen in Naturwissenschaft und Mathematik aus Großbritannien, Frankreich und Deutschland, doch wurden sie vielfach nicht rezipiert. Aufgrund der weiten Entfernung zwischen den Vereinigten Staaten und den Ursprungsländern der westlichen Wissenschaft und Produktion war es oft notwendig, eigene Vorgehensweisen zu entwickeln. Forscher und Erfinder aus den Vereinigten Staaten lagen zwar bei der Entwicklung von Theorien im Rückstand, aber sie brillierten in den angewandten Naturwissenschaften. Vor diesem Hintergrund kam es zu einer Vielzahl wichtiger Erfindungen. Große amerikanische Erfinder sind Robert Fulton (Dampfschiff), Samuel F. B. Morse (Telegraf), Eli Whitney (die Baumwollentkörnungsmaschine Cotton Gin), Cyrus McCormick (Mäher), die Brüder Wright (Motorflugzeug) und Thomas Alva Edison, der mit mehr als eintausend Erfindungen produktivste Erfinder.

In der zweiten Hälfte des 20. Jahrhunderts wurden amerikanische Wissenschaftler zunehmend für ihre Beiträge zur Wissenschaft, der Formulierung von Konzepten und Theorien, anerkannt. Diese Veränderung zeigt sich auch bei den Gewinnern der Nobelpreise in Physik und Chemie. Unter den Nobelpreisgewinnern in der ersten Hälfte des Jahrhunderts – 1901 bis 1950 – stellten Amerikaner in den Naturwissenschaften nur eine kleine Minderheit. Seit 1950 haben in den USA tätige Wissenschaftler etwa die Hälfte der in den Naturwissenschaften verliehenen Nobelpreise erhalten. Die Verarbeitung nicht-angelsächsischer Forschung unterlag von Anfang an starker Beschränkung durch die Tatsache, dass die einzig gängige Sprache das Englische war.

Wurde in den Nachkriegsjahren Höhere Bildung als öffentliches Gut betrachtet und Forschung als eine nationale Ressource, so änderte sich dies in den 1980er Jahren. Bildung verlor an intrinsischem Wert, sie unterlag zunehmend den kapitalistischen Marktregeln, wurde eher als persönliche Investition betrachtet und damit zum privaten Gut und zum Mittel des Markterfolgs. Während bis weit in die 70er Jahre ein gehobener akademischer Abschluss mit gesellschaftlichem Erfolg gleichgesetzt wurde, erzeugte die veränderte Mentalität ein Überangebot an Promovierten, und, angesichts der zunehmenden Kosten, eine sinkende Bereitschaft, sich in Gesellschafts- und Geisteswissenschaften zu engagieren.[84]

Siehe auch: Kunst in den Vereinigten Staaten, Liste amerikanischer Schriftsteller

Sport

Die Vereinigten Staaten verfügen über eine ausgeprägte Sportkultur, die vor allem die drei Nationalsportarten umfasst. Die USA beheimaten, zusammen mit Kanada, die besten und höchstangesehensten Profi-Ligen im American Football (mittlerweile die beliebteste Sportart) (*NFL*), Baseball (*MLB*), und Basketball (*NBA*). Ebenfalls auf sehr hohem Niveau wird das beliebte Eishockey gespielt (*NHL*), das man allerdings nicht zu den Nationalsportarten zählen kann. Die Nationalmannschaften der USA in diesen Sportarten sind regelmäßige Anwärter auf einen Titelgewinn. Trotz gemeinsamer kultureller Wurzeln sind die Vereinigten Staaten nicht in die sportlichen Präferenzen des britischen Commonwealth eingebunden; so ist Cricket in den USA nahezu unbekannt und Rugby gilt als Randsportart.

American Football

Eine Aufteilung in Leistungs- und Breitensport existiert nicht wie im deutschen Verständnis. Vielmehr hat sich eine Riege bestimmter Sekundärsportarten entwickelt, deren Bedeutung nicht an der (im Übrigen eher geringen) Kommerzialisierung und Verarbeitung in den landesweiten Medien, sondern an der Verbreitung an Schulen sowie an der Masse der regionalen Auseinandersetzungen gemessen wird. Zu diesen Sportarten zählt neben dem Fußball (amerikanisches Englisch: *soccer*) das weitverbreitete Lacrosse.

Typisch für das amerikanische Sportgeschehen ist eine hohe Betonung des Unterhaltungseffektes sowie des integrativen Charakters des Sports. Kennzeichnend für die große Nachfrage nach dem Unterhaltungswert des Sports ist neben dem durchgehend aufwendigen Einsatz von Show- und choreographischen Elementen (Beleuchtung, Cheerleader) in manchen Sportarten eine für ausländische Verhältnisse untypische, aber meist ungefährliche Inszenierung von Action und Gewalt, beispielsweise beim Wrestling.

Die USA sind darüber hinaus Initiatoren einer weiteren subjektiven Einteilung diverser Sportarten, die bei bewusster Schaffung eines Lebensgefühls vor allem als legere Freizeitgestaltung betrieben werden. Dazu gehören neben Tennis und Bodybuilding diverse Trendsportarten.

Die großen Hoffnungen, den die Gesellschaft der USA in den integrierenden Effekt des Sports legt, werden angesichts der Aufstiegsmöglichkeiten darin deutlich. Ein bedeutender Teil der Stipendien für die Universitäten wird an sportliche Talente vergeben. Der dabei im In- und Ausland oft geäußerte Vorwurf, dass solche Stipendiaten ohne ihre athletischen Fähigkeiten intellektuell an einer Hochschule nicht bestehen würden, trifft selten zu, da auf schulische Leistungen großen Wert gelegt wird und bei mangelhaften schulischen Leistungen die Sportausübung beschnitten wird. In einem für die Nationalsportarten im Laufe der Zeit entwickelten Modus, dem sogenannten *Drafting System*, werden unter Einstreuung gewisser Zufälligkeiten die Rechte an den besten Talenten eines Jahrgangs an die schwächsten Vereine vergeben.

Im Gegensatz zum Lacrosse versucht die Führung des Fußballsports in den USA, Anschluss an die vier Nationalsportarten zu finden. Dabei muss die höchste Spielklasse, die *Major League Soccer*, diverse, teilweise kulturell gebildete Differenzen zwischen dem nordamerikanischen und dem europäischen Sportverständnis zu überbrücken versuchen. Während die Kommerzialisierung des internationalen Herrenfußballs bis zu einem gewissen Grad mit dem der amerikanischen Sportarten vergleichbar ist, ist den meisten Amerikanern der Abstiegskampf sowie die organisatorische Schwäche der Spieler den Vereinen gegenüber unbekannt. So beruht die Faszination des Fußballs mehr auf seiner sozialen, ökonomischen und politischen Entwicklung als auf seiner direkten Inszenierung. Daher wird dem Fußball in den Vereinigten Staaten angesichts der überdurchschnittlichen Infrastruktur des Landes für die Zukunft eine gewisse internationale Konkurrenzfähigkeit zugeschrieben, während der nationale Bedeutungszuwachs umstritten ist. Dafür wird die gleichzeitige Befriedigung nationaler wie internationaler Ansprüche an die höchste Spielklasse des Landes von Bedeutung sein. Vor diesem Hintergrund verpflichtete Los Angeles Galaxy im Jahre 2007 David Beckham. Demgegenüber ist der Frauenfußball in den USA erfolgreicher und in der internationalen Spitzenklasse vertreten.

Feiertage

Auch hinsichtlich der Feiertage besteht in den Vereinigten Staaten ein anderes Verständnis als in Europa. Prinzipiell gelten von der Regierung eingerichtete Feiertage nur für ihre Beamten und Angestellten, einschließlich der Mitarbeiter der Post. Allerdings sind viele Feiertage wegen ihrer kulturellen Verankerung auch in der Wirtschaft Usus geworden. Die Feiertage in den Vereinigten Staaten sind mit Ausnahme des Weihnachts- und des Neujahresfestes aufgrund der strikten Trennung von Staat und Kirche nichtreligiöser, also vor allem patriotischer Natur.

Literatur

- Thomas Bender: *A Nation Among Nations. America's Place in World History*, New York 2006.
- Volker Depkat: *Geschichte Nordamerikas. Eine Einführung* (= Geschichte der Kontinente). Köln: Böhlau Verlag 2008. ISBN 978-3-8252-2614-5
- David A. Gerber, Alan M. Kraut (Hrsg.): *American Immigration and Ethnicity. A Reader.* New York: Palgrave Macmillan 2005. ISBN 978-0-312-29349-9
- Roland Hahn: *USA. Neue Raumentwicklungen oder eine Neue Regionale Geographie*, Gotha, Stuttgart: Klett-Perthes, 2. Auflage 2002.
- Jürgen Heideking: *Geschichte der USA. Mit CD-ROM Quellen zur Geschichte der USA.* Tübingen 2007, ISBN 978-3-8252-1938-3.
- Peter Lösche (Hg.): *Länderbericht USA – Geschichte, Politik, Wirtschaft, Gesellschaft, Kultur.* bpb, Bonn 2004, ISBN 3-89331-485-7.
- *Außenpolitik der USA* Aus Politik und Zeitgeschichte Heft 14/2006 v. 3. April 2006. ISSN 479-611x Auch online unter Bundeszentrale für politische Bildung [85]
- Klaus Schwabe: *Weltmacht und Weltordnung. Amerikanische Außenpolitik von 1898 bis zur Gegenwart.* Schöningh Verlag, Paderborn 2006.
- Ian Tyrrell: *Transnational Nation. United States History in Global Perspective since 1789*, Houndmills 2007

Verweise

Siehe auch

- Antiamerikanismus
- US-Lateinamerikanische Beziehungen

Weblinks

- Links zum Thema Vereinigte Staaten [86] im Open Directory Project
- Amerikanische diplomatische Vertretungen in der Bundesrepublik Deutschland [87]
- Länder- und Reiseinformationen [88] des Auswärtigen Amtes der Bundesrepublik Deutschland
- Länderprofil 2008 (PDF) [89] des Statistischen Bundesamtes
- USA [90] auf dem Informationsportal zur politischen Bildung
- Interaktive Karte über die Verteilung der in den USA gesprochenen Sprachen [91]
- Länderinformationen, Exportbericht und Statistiken zu USA [92]
- Geothermische Karte der USA, mit Temperaturangaben in ca. 6 km Tiefe [93]

Einzelnachweise

[1] http://www.us-english.org/view/13

[2] United Nations Statistics 2007 (http://unstats.un.org/unsd/environment/totalarea.htm)

[3] Offizieller monatlicher Schätzwert der US-Zensusbehörde. (http://www.census.gov/main/www/popclock.html) Siehe auch die laufend aktualisierte Bevölkerungsuhr (http://www.census.gov/population/www/popclockus.html)

[4] US Debt Clock (http://www.usdebtclock.org/)

[5] Human Development Report 2010 (http://hdr.undp.org/en/media/Lets-Talk-HD-HDI-2010.pdf), abgerufen am 4. November 2010, neuester Bericht am 10. Juni 2011

[6] US Census Bureau – Density Using Land Area For States, Counties, Metropolitan Areas, and Places (http://www.census.gov/population/www/censusdata/density.html)

[7] Dazu *Plants*, National Biological Service (http://www.fungaljungal.org/papers/National_Biological_Service.pdf) (PDF, 888 kB)

[8] Global Significance of Selected U.S. Native Plant and Animal Species, in: Sustainable Development Indicators, 2007 (http://www.sdi.gov/curtis/TxTab4x1.html)

[9] *United States -- Urban/Rural and Inside/Outside Metropolitan Area*, U. S. Census Bureau, 2000 (http://factfinder.census.gov/servlet/GCTTable?_bm=y&-state=gct&-ds_name=DEC_2000_SF1_U&-_box_head_nbr=GCT-P1&-mt_name=&-_caller=geoselect&-geo_id=&-format=US-1&-_lang=en)

[10] Dabei verfälscht diese Zählweise insofern, als viele Amerikaner mit britischen Wurzeln als Kanadier gezählt werden, da sie nicht aus dem britischen Mutterland, sondern aus Kanada einwanderten. Ähnliches gilt für die aus Mexiko kommenden Zuwanderer, deren indianische Vorfahren auf diese Art unterschlagen werden. Herkunftsgruppen in den USA, laut US-Zensusbehörde (http://www.census.gov/prod/2004pubs/c2kbr-35.pdf#search="ancestries census")

[11] *S.I. Hayakawa Official English Language Act of 2007 (Introduced in Senate)* (http://thomas.loc.gov/cgi-bin/query/z?c110:S.1335:)

[12] *Nashville's English-only measure defeated*, in: The Tennessean, 23. Januar 2009 (http://blogs.tennessean.com/politics/tag/english-only/)

[13] Census.gov (http://www.census.gov/prod/www/religion.htm)

[14] Nach Angaben der Jewish Virtual Library 2,2 %. Die Verteilung auf die Bundesstaaten findet sich hier (http://www.jewishvirtuallibrary.org/jsource/US-Israel/usjewpop.html).

[15] American Religious Identification Survey (http://www.gc.cuny.edu/faculty/research_briefs/aris/key_findings.htm)

[16] http://pewglobal.org The Global Attitudes Project (http://pewglobal.org/files/pdf/262.pdf), PDF 484 kB.

[17] Thompson Gilbert: *The American Class Structure*. Belmost, CA: Wadsworth 1998, 0-534-50520-1

[18] Florian Rötzer: *Fast 16 Prozent der US-Amerikaner sind arm*, 21. Oktober 2009, unter heise.de (http://www.heise.de/tp/blogs/8/146391).

[19] Thomas Schulz: Auf dem Weg nach unten (http://www.spiegel.de/spiegel/0,1518,711867,00.html), DER SPIEGEL, Nr. 33, 16. August 2010

[20] www.forbes.com; World's Billionaires

[21] Florian Rötzer: Die Reichen werden immer schneller noch reicher (http://www.heise.de/tp/r4/artikel/26/26862/1.html), Telepolis, 15. Dezember 2007

[22] Susan B. Carter und Richard Sutch: *Historical Background to current immigration issues* in: The Immigration Debate: Studies on the Economic, Demographic and Fiscal Effects of Emigration, Hg. James P. Smith und Barry Edmonston, The national Academies Press 1988, S. 289-366.

[23] Einwanderungsquoten nach dem *Immigration Act* von 1924 für die Jahre 1925 bis 1927 (http://historymatters.gmu.edu/d/5078)

[24] Chapter 17. ADDING DIVERSITY FROM ABROAD: The Foreign-Born Population, 2000 (http://www.census.gov/population/pop-profile/2000/chap17.pdf)

[25] We the People: Hispanics in the United States (http://www.census.gov/prod/2004pubs/censr-18.pdf) (PDF)

[26] Brad Knickerbocker: *Illegal immigrants in the US: How many are there?* in: The Christian Science Monitor, 16. Mai 2006 (http://www.csmonitor.com/2006/0516/p01s02-ussc.html)

[27] hr.online: [http://www.hr-online.de/website/derhr/home/index.jsp?rubrik=16418&key=standard_document_25088216 Ein ganz heisses Thema in den USA] (Link nicht abrufbar), 29. März 2006

[28] Radio Vatikan: Mexiko: Immer mehr Tote an der Grenze (http://storico.radiovaticana.org/ted/storico/2007-11/169694_mexiko_immer_mehr_tote_an_der_grenze.html), 26. November 2007

[29] *1100 Kilometer Zaun zum Schutz vor Einwanderern.* (http://web.archive.org/web/20081208171517/http://www.tagesschau.de/ausland/meldung92058.html) Archiviert vom Original (http://www.tagesschau.de/ausland/meldung92058.html) am 8. Dezember 2008, abgerufen am 26. Oktober 2006.

[30] Operation Wetback, in: The Handbook of Texas Online (http://www.tshaonline.org/handbook/online/articles/OO/pqo1.html)

[31] o. V.: *USA Statitics in Brief – Government, Social Welfare and Law Enforcement* (http://web.archive.org/web/20080420105235/http://www.census.gov/compendia/statab/files/govtsoclaw.html). Zugriff: 18. Mai 2009.

[32] Florian Rötzer: *USA: 2,3 Millionen Menschen sitzen hinter Gittern.* (http://www.heise.de/tp/blogs/8/148485) In: *Telepolis.* 4. Oktober 2010, abgerufen am 4. Oktober 2010.

[33] Office of Justice Programs, Bureau of Justice Statistics *Correctional populations – To Key facts at a glance chart* ed. 2000 (http://bjs.ojp.usdoj.gov/content/glance/tables/corr2tab.cfm)

[34] *Freundschaftsgesellschaft BRD-Kuba zur Hinrichtung von Troy Davis.* (http://www.redglobe.de/nordamerika/usa/4659-freundschaftsgesellschaft-brd-kuba-zur-hinrichtung-von-troy-davis) In: *Red Globe.* 22. September 2011, abgerufen am 3. Oktober 2011.

[35] US-Justizministerium: Daten und Zahlen zu US-Gefängnissen (http://web.archive.org/web/20080716065629/http://www.ojp.usdoj.gov/bjs/abstract/p06.htm)

[36] Prekarisierung und Masseninhaftierung (http://www.wildcat-www.de/wildcat/72/w72_knast.htm)

[37] Ein Prozent der Einwohner im Gefängnis (http://derstandard.at/?url=/?id=3244865), der Standard, 28. Februar 2008

[38] Old enough to be a criminal?, UNICEF (http://www.unicef.org/pon97/p56a.htm)

[39] Positive Youth Development, Juvenile Justice, and Delinquency Prevention, Child Welfare League of America (http://www.cwla.org/advocacy/2007legagenda10.htm)

[40] Report: Juvenile jails being substituted for mental hospitals (http://www.usatoday.com/news/nation/2004-07-07-jailed-kids_x.htm)

[41] *Illinois Abolishes Death Penalty, Clears Death Row* (http://www.npr.org/blogs/thetwo-way/2011/03/09/134399592/illinois-abolishes-death-penalty-clears-death-row). NPR (9. März 2011) Abgerufen am 9. März 2011.

[42] Todesstrafe in Illinois abgeschafft (http://www.20min.ch/news/ausland/story/Todesstrafe-in-Illinois-abgeschafft-18733278) in: 20 Minuten vom 2. Juli 2011

[43] Howard Zinn: *A People's History of the United States*. Harper Perennial, New York 2005 S. 123
[44] Eleanor Flexner: Hundert Jahre Kampf: die Geschichte der Frauenrechtsbewegung in den Vereinigten Staaten, Frankfurt am Main: Syndikat 1978.
[45] The Emma Goldman Papers. Birth Control Pioneer (http://sunsite.berkeley.edu/Goldman/Exhibition/birthcontrol.html)
[46] Joachim Meißner, Ulrich Mücke, Klaus Weber: *Schwarzes Amerika. Eine Geschichte der Sklaverei*, München: C. H. Beck Verlag 2008.
[47] Nach einer Schätzung vom Historiker John Hope Franklin wurden rund 250.000 weitere Sklaven nach dem Verbot transportiert; vgl. Howard Zinn: A People's History of the United States, Harper Perennial, 2005, S. 172 ISBN 0-06-083865-5
[48] So war 1810 noch immer ein Viertel (30.000) der schwarzen Bevölkerung im Norden Sklaven, 1840 gab es hier noch rund 1.000 Sklaven; vgl. Howard Zinn: A People's History of the United States, Harper Perennial, 2005, S. 88 ISBN 0-06-083865-5
[49] The Columbia Electronic Encyclopedia, 6th ed. Copyright © 2007, Columbia University Press. (http://www.infoplease.com/ce6/history/A0844878.html#axzz0wIzqpCkh)
[50] President Signs 2010 Defense Budget Into Law, *WASHINGTON, Dec. 22, 2009* (http://www.defense.gov//News/NewsArticle.aspx?ID=57217,)
[51] *Neuhart, P. (22 January, 2004). Why politics is fun from catbirds' seats. USA Today.* (http://www.usatoday.com/news/opinion/columnist/neuharth/2004-01-22-neuharth_x.htm) Abgerufen am 11. Juli 2007.
[52] *Bush verteidigt Recht auf Waffenbesitz. Amoklauf an US-Uni entfacht Debatte neu.* (http://www.zdf.de/ZDFheute/inhalt/12/0,3672,5265196,00.html) ZDF, 17. April 2007, abgerufen am 4. November 2008.
[53] US Census Bureau (http://web.archive.org/web/20080304001702/http://www.census.gov/Press-Release/www/releases/archives/income_wealth/010583.html), *Household Income Rises, Poverty Rate Declines, Number of Uninsured Up*, 13. September 2007
[54] People With or Without Health Insurance Coverage by Selected Characteristics: 2005 and 2006 (http://www.webcitation.org/5lqBa3ub2)
[55] n-tv.de, *Studie über Lebenserwartung – Amis weit abgeschlagen*, 12. August 2007 (http://www.n-tv.de/838247.html)
[56] *Neuer Negativ-Rekord*, Investor-Verlag 8. März 2010 (http://www.investor-verlag.de/neuer-negativ-rekord/107062071/)
[57] China now no. 1 in CO2 emissions; USA in second position (http://www.mnp.nl/en/dossiers/Climatechange/moreinfo/Chinanowno1inCO2emissionsUSAinsecondposition.html), Netherlands Environmental Assessment Agency, 24. Juli 2008.
[58] Klimaschutz-Index 2008 (http://www.germanwatch.org/klima/ksi.htm)
[59] Verteidigungsministerium der Vereinigten Staaten: *Base Structure Report, Fiscal Year 2006* (PDF) (http://web.archive.org/web/20070221114832/http://www.acq.osd.mil/ie/irm/irm_library/DSR2006Baseline.pdf), Seite 8 (nur noch bei Archives.org)
[60] Zahlen von Globalsecurity.org (http://www.globalsecurity.org/military/systems/ground/m1-specs.htm)
[61] Mannstärken der Streitkräfte vom 30. April 2011 bei der *Statistical Information Analysis Division (SIAD)* (http://siadapp.dmdc.osd.mil/personnel/MILITARY/ms0.pdf) des Pentagon. Zugriff am 31. Mai 2011
[62] Bureau of Economic Analysis – Bundesagentur für Wirtschaftliche Studien (http://www.bea.gov/newsreleases/national/gdp/gdpnewsrelease.htm)
[63] Bureau of Labor Statistics – Bundesagentur für Arbeitsmarktstatistiken (http://www.bls.gov/news.release/srgune.nr0.htm)
[64] Bureau of Labor Statistics – Bundesagentur für Arbeitsmarktstatistiken (http://www.bls.gov/news.release/History/cpi_01162008.txt)
[65] *Echte Arbeitslosenquote bei 17,5 Prozent (7. November 2009). [[DerStandard* (http://derstandard.at/1256744279739/Echte-Arbeitslosenquote-bei-175-Prozent)*]]* Abgerufen am 3. September 2010.
[66] *Jobless Recovery (7. November, 2009). New York Times* (http://www.nytimes.com/2009/11/08/opinion/08sun1.html?_r=1) Abgerufen am 3. September 2010.
[67] Zur US-Wirtschaftspolitik (November 2008): Länderbericht des Auswärtigen Amtes: Vereinigte Staaten – Wirtschaftspolitik (http://www.auswaertiges-amt.de/diplo/de/Laenderinformationen/UsaVereinigteStaaten/Wirtschaft.html)
[68] US Census Bureau – US-Zensusbehörde „U.S. International Trade in Goods and Service“ (http://www.census.gov/foreign-trade/Press-Release/current_press_release/exh1.txt)
[69] US Zensusbehörde, jährliche Bruttoeinkommen Amerikanischer Haushalte (http://pubdb3.census.gov/macro/032005/hhinc/new06_000.htm)
[70] Zensusbehörde, Verteilung von Privateinkommen (http://pubdb3.census.gov/macro/032005/hhinc/new05_000.htm)
[71] *Zensusbehörde, Rasse und Einkommen* (http://web.archive.org/web/20061029155723/http://www.census.gov/Press-Release/www/releases/archives/income_wealth/005647.html). Archiviert vom Original (http://www.census.gov/Press-Release/www/releases/archives/income_wealth/005647.html) am 29. Oktober 2006. Abgerufen am 20. Oktober 2006.
[72] *Zensusbehörde, Bruttoeinkommen und Bildung* (http://www.census.gov/prod/2002pubs/p23-210.pdf) Abgerufen am 20. Oktober 2006.
[73] US Census Bureau – US-Zensusbehörde „Income, Poverty, and Health Insurance Coverage in the United States: 2005“ (http://www.census.gov/hhes/www/poverty/poverty.html)
[74] The World Factbook (https://www.cia.gov/library/publications/the-world-factbook/geos/us.html)
[75] welt.de – USA nähern sich neuem Rekord-Defizit (http://www.welt.de/politik/ausland/article12358676/1-5-Billionen-USA-naehern-sich-neuem-Rekord-Defizit.html) vom 27. Januar 2011
[76] sda/Reuters, 2011: USA tiefer in der Schuld Chinas als angenommen. US-Finanzministerium korrigiert frühere Angaben deutlich nach oben (http://www.nzz.ch/nachrichten/wirtschaft/aktuell/usa_tiefer_in_der_schuld_chinas_als_angenommen_1.9734335.html) in Neue Zürcher Zeitung vom 1. März 2011, abgerufen am 2. März 2011.
[77] Der Fischer Weltalmanach 2010: Zahlen Daten Fakten, Fischer, Frankfurt, 8. September 2009, ISBN 978-3-596-72910-4

[78] Major Transportation Facilities of the United States 2009 (http://www.bts.gov/programs/geographic_information_services/maps/major_transportation_facilities/pdf/map.pdf) (Übersichtskarte, PDF, 10.54 MB), U.S. Department of Transportation.
[79] tagesschau.de, *Infrastrukturprobleme in den USA – „Eine Supermacht, die von innen verrottet"*, 25. Aug. 2007 (nicht mehr online verfügbar)
[80] High-speed railroading, The Economist, 22. Juli 2010
[81] http://www.stern.de/news2/aktuell/usa-wollen-53-milliarden-dollar-in-hochgeschwindigkeitsnetz-stecken-1652036.html
[82] Hartmut Wasser (Hrsg.) USA – Wirtschaft, Gesellschaft, Politik, Leske + Budrich, Opladen, 2000, Seite 307
[83] Geoffrey R. Stone, Richard Allen Epstein, Cass R. Sunstein: *The Bill of Rights in the Modern State*, University of Chicago Press 1992, S. 276
[84] Dies zeigt die Quellensammlung von Wilson Smith, Thomas Bender (Hrsg.): *American Higher Education Transformed, 1940–2005. Documenting the National Discourse*, Baltimore: Johns Hopkins University Press 2008, S. 9 und S. 203. ISBN 978-0-8018-8671-3. „In 1945 education was understood as a public good, and research was a national resource ... Beginning in the 1980s, education, like research, lost much of its intrinsic value; it was discussed more and more in terms of the market, as an individual investment in human capital. ... Increasingly higher education was treated as a private good" ... " (S. 9).
[85] http://www.bpb.de/
[86] http://www.dmoz.org/World/Deutsch/Regional/Amerika/Vereinigte_Staaten/
[87] http://www.us-botschaft.de/
[88] http://www.diplo.de/USA
[89] http://www.destatis.de/jetspeed/portal/cms/Sites/destatis/Internet/DE/Content/Publikationen/Fachveroeffentlichungen/Laenderprofile/Content75/USA,property=file.pdf
[90] http://www.politische-bildung.de/usa.html
[91] http://www.mla.org/map_single
[92] http://www.auwi-bayern.de/awp/inhalte/Laender/Amerika/USA/index.html
[93] http://www.smu.edu/News/2011/~/media/Images/News/2011/Fall%202011/geothermal-UnitedStates-google-SMUlogo-14oct2011.ashx

Koordinaten: 40° N, 100° W

gag:Amerika Birleşik Devletläri kbd:Америкэ Штат Зэгуэт koi:Америкаись Ӧтлаасьӧм Штаттэз ltg:Amerikys Saškierstuos Vaļsteibys mrj:Америкын Ушымы Штатвлӓжӹ nso:United States of America pfl:Verainischde Schdaade vun Ameriga rue:Споєны Штаты Америцькы xmf:აა შ

Kuskokwim_River

Kuskokwim River	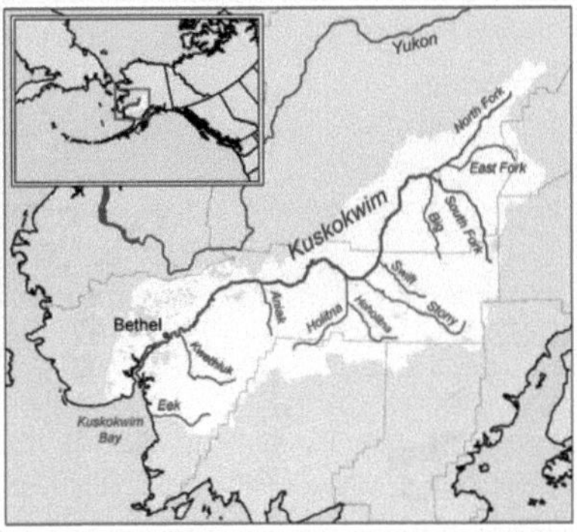
Verlauf und Einzugsgebiet des Kuskokwim River	
Daten	
Gewasserkennzahl	US: 1416402 [1]
Lage	Alaska
Flusssystem	Kuskokwim River
Abfluss über	Kuskokwim River → Beringmeer
Ursprung	Zusammenfluss von East und North Fork Kuskokwim River bei Medra 63° 5′ 16″ N, 154° 38′ 33″ W [2]
Mündung	Kuskokwim Bay, Beringmeer Koordinaten: 60° 4′ 59″ N, 162° 20′ 2″ W [3] 60° 4′ 59″ N, 162° 20′ 2″ W [3]
Mündungshöhe	0 m[4]
Länge	1165 km[4]
Einzugsgebiet	124000 km²[4]
Abflussmenge am Pegel an der Mündung[4]	MQ: 1900 m³/s
Rechte Nebenflüsse	Takotna River, Johnson River
Linke Nebenflüsse	Big River, Swift River, Stony River, Holitna River, Aniak River, Kwethluk River
Kleinstädte	Bethel
Gemeinden	McGrath, Stony River, Sleetmute, Chuathbaluk, Aniak, Kalskag, Tuluksak, Akiak, Kwethluk

Ufer des Kuskokwim Rivers bei Aniak

Der 1165 km lange **Kuskokwim River** ist ein großer Fluss im Südwesten von Alaska. Der Fluss entsteht etwa acht Kilometer östlich von Medra durch den Zusammenfluss von East Fork und North Fork Kuskokwim River, an der Nordflanke der in Zentralalaska liegenden Alaskakette, entwässert große Teile des nördlich dieser Bergkette gelegenen Landesinneren und entleert sich an der Westküste im Yukon-Kuskokwim-Delta, einem der größten Flussdeltasysteme der Erde, in das Beringmeer. Mit Ausnahme der Quellflüsse ist der Fluss auf seinem gesamten Lauf flach und breit. Er ist der längste durch keine Staudämme geregelte Fluss in den Vereinten Staaten.

Die Hauptroute des Iditarod Trails folgt der *South Fork* des Kuskokwim aus der Alaskakette und überquert den Fluss bei McGrath.

Name

Die Bezeichnung der Ureinwohner Alaskas für den Fluss wurde 1818 von Ustiugow in Erfahrung gebracht und 1826 von Leutnant Sarichew von der Kaiserlich Russischen Marine als *Ryka Kuskokvim* veröffentlicht. Der Name der Tanana für den Fluss war *Chin-ana*, er ist jedoch heute am Aussterben und wird nur noch von alten Indianern benutzt.[5]

In der Sprache der Central Alaskan Yup'ik heißt der Fluss *Kusquqvak*. Der Name bezeichnet ein großes, sich langsam bewegendes „Ding".

Hydrologie

Der Kuskokwim River liegt mit einer Abflussmenge von 1900 m³/s an neunter Stelle der Flüsse in den Vereinigten Staaten und mit einem Einzugsgebiet von 124.000 km², knapp 10 % der Landfläche Alaskas, an der siebzehnten. Er ist auch der längste Fluss in den Vereinigten Staaten, der vollständig innerhalb eines Bundesstaates verläuft, gefolgt vom Trinity River in Texas, der rund 23 km kürzer ist.[6]

Verlauf

Der Fluss hat seinen Ursprung in mehreren Gewässern im Zentrum und im südlichen Zentrum Alaskas. Der rund 400 km lange North Fork entspringt in den Kuskokwim Mountains, etwa 320 km west-südwestlich von Fairbanks und fließt in einem breiten Tal nach Südwesten. Der etwa 320 km lange South Fork entspringt im südwestlichen Ende der Alaskakette westlich von Mount Gerdine und fließt in nord-nordwestlicher Richtung durch die Berge, an Nikolai vorbei. Dabei empfängt der südliche Arm Zuflüsse, die aus der Alaskakette nordwestlich von Mount McKinley zufließt. Beide Arme vereinigen sich in der Nähe von Medfra und fließen dann in südwestlicher Richtung an McGrath vorbei, in einem abgelegenen Tal mit den Kuskokwim Mountains im Norden und der Alaskakette im Süden.

Im Südwesten Alaskas tritt der Fluss aus den Kuskokwim Mountains hinaus auf eine Schmemmlandebene südlich des Yukon Rivers, die von Fichtenwäldern bewachsen wird. Der Fluss passiert eine Reihe von Inuitsiedlungen, darunter Aniak und nähert sich bis auf 80 km an den Yukon River an, bevor er nach Südwesten schwenkt. Südwestlich von Bethel, der größte Siedlung am Lauf des Flusses, erweitert sich der Fluss in ein sumpfiges Delta und mündet etwa 80 km süd-südwestlich von Bethel in die Kuskokwim. Der Lauf des Flusses liegt unterhalb von Aniak innerhalb der Yukon Delta National Wildlife Refuge.

Nebenflüsse

Der Fluss hat eine Reihe von wichtigen Nebenflüssen, meist aus dem Süden Unter ihnen sind der Big River, der etwa 30 km südwestlich von Medfra mündet. Am südlichen Ende der Kuskokwim Mountains vereinigen sich auch Swift, Stony und Holitna River mit dem Fluss, bevor dieser in die Küstenebene austritt. Er nimmt bei Aniak auch den Aniak River auf. Etwa 30 km flussaufwärts von Bethel münden Kisaralik und Kwethluk River. Von Osten her fließt der Eek River in Eek dem Kuskokwim River zu.

Siehe auch

- Liste der längsten Flüsse der Erde
- Yukon-Kuskokwim Portage

Einzelnachweise

[1] http://geonames.usgs.gov/pls/gnispublic/f?p=gnispq:3:::NO::P3_FID:1416402

[2] http://toolserver.org/~geohack/geohack.php?pagename=Kuskokwim_River&language=de¶ms=63.0877777778_N_154.6425_W_region:US-AK_type:waterbody&title=Ursprung+Kuskokwim+River

[3] http://toolserver.org/~geohack/geohack.php?pagename=Kuskokwim_River&language=de¶ms=60.0830555556_N_162.333888889_W_region:US-AK_type:waterbody&title=M%C3%BCndung+Kuskokwim+River

[4] USGS - Water Fact Sheet - Largest Rivers in the United States (PDF-Datei) (http://pubs.usgs.gov/of/1987/ofr87-242/pdf/ofr87242.pdf)

[5] *Kuskokwim River* (http://geonames.usgs.gov/pls/gnispublic/f?p=gnispq:3:::NO::P3_FID:1416402) (Englisch). *Geographic Names Information System*. United States Geological Survey Abgerufen am 25. Oktober 2010.

[6] *Largest Rivers in the United States* (http://pubs.usgs.gov/of/1987/ofr87-242/) (Englisch) (PDF). United States Geological Survey Abgerufen am 25. Oktober 2010.

Literatur

- Geographic Society, Alaska; Rennick, Penny: *Kuskokwim (Alaska Geographic)*. Alaska Northwest Books, ISBN 978-0-88240-187-4.

Weblinks

- Kuskokwim River (http://geonames.usgs.gov/pls/gnispublic/f?p=gnispq:3:::NO::P3_FID:1416402) im Geographic Names Information System des United States Geological Survey
- Kuskokwim River Watershed Council (http://www.kuskokwimcouncil.org/)
- Iditarod National Historic Trail (http://www.iditarodnationalhistorictrail.org/)

mrj:Кускоквим

Bethel_Census_Area

Der **Bethel Census Area** ist ein Census Area im US-Bundesstaat Alaska. Er erstreckt sich von der Küste der Bristol Bay und dem Yukon-Kuskokwim-Delta landeinwärts und beinhaltet die Insel Nunivak im Beringmeer.

Im Jahr 2010 betrug die Bevölkerungszahl 17.013. *Bethel* gehört zum Unorganized Borough und hat somit keinen Verwaltungssitz. Der Census Area hat eine Fläche von 117.866 km², wovon 105.240 km² auf Land und 12.627 km² auf Wasser entfallen. Die größte Stadt der Region ist Bethel.

Teile der National Wildlife Refuges Alaska Maritime, Togiak und Yukon Delta sowie des Lake-Clark-Nationalparks liegen im Bethel Census Area.

Weblinks

- QuickFacts auf *census.gov* [1] (englisch)

References

[1] http://quickfacts.census.gov/qfd/states/02/02050.html

Yukon_Delta_National_Wildlife_Refuge

Yukon Delta National Wildlife Refuge

Herbst in der Tundra des Yukon Delta NWR

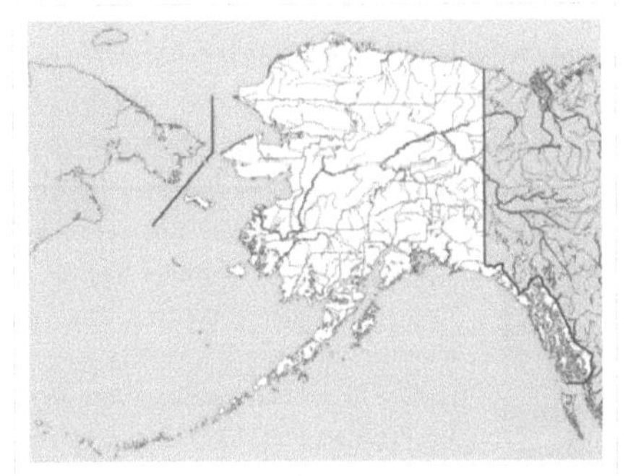

Lage:	Vereinigte Staaten
Nächste Stadt:	Bethel
Fläche:	77.551 km²
Gründung:	2. Dezember 1980

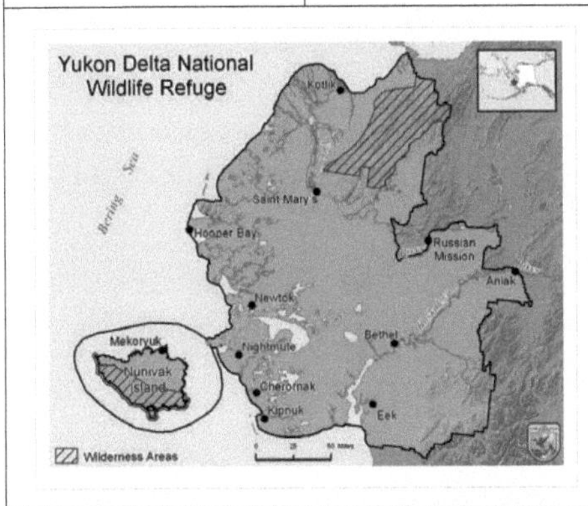

Koordinaten: 61° 22′ 0″ N, 163° 43′ 0″ W [1]

Das **Yukon Delta National Wildlife Refuge** ist ein 77.551 km² großes Schutzgebiet des National Wildlife Refuge Systems im Südwesten des US-Bundesstaat Alaska im Yukon-Kuskokwim-Delta am Beringmeer. Das Refuge beinhaltet auch die beiden Inseln Nelson und Nunivak.

Die Deltas der beiden Flüsse formen ein von Flüssen, Seen und Tümpeln durchzogenes Tundra-Flachland, das 70 % des Schutzgebiets bedeckt und eine Seehöhe von maximal 30 m erreicht. Im Hinterland des Feuchtgebiets geht die Landschaft in Hügel mit Baum- und Strauchbewuchs und Berge mit einer Höhe von bis zu 1200 m über.

Tierwelt

Das Yukon Delta National Wildlife Refuge bietet eines der größten Nistgebiete für Watvögel in Nordamerika. Die Flussläufe bieten Laich- und Rückzugsgebiete für 44 Fischarten, darunter alle fünf nordamerikanischen, pazifischen Lachsarten. Im Hochland leben Braun- und Schwarzbären, Elche, Rentiere, Wölfe und Moschusochsen. Vor der Küste des Schutzgebietes gibt es Vorkommen von Meeressäugern. Wale ziehen auf ihren Wanderungen am Refuge vorbei.

Geschichte

Das Gebiet des heutigen Yukon Delta NWR war bis vor etwa 10.000 Jahren Teil der Landbrücke Beringia, über die vermutlich die ersten Menschen von Asien nach Nordamerika einwanderten. Noch heute ist die Region für alaskanische Verhältnisse mit 35 Ortschaften und etwa 25.000 Einwohnern, viele davon Yup'ik, dicht besiedelt.

Das Yukon Delta National Wildlife Refuge

Die ersten Schutzmaßnahmen in der Region fanden 1909 statt, als US-Präsident Theodore Roosevelt ein Schutzgebiet für einheimische Vögel auswies. 1929 wurde *Nunivak Island* zum geschützten Gebiet für Vögel und Wildtiere, dem im darauffolgenden Jahr die umgebenden Inseln hinzugefügt wurden. 1937 wurde das Schutzgebiet mit der Schaffung des *Hazen Bay Migratory Waterfowl Refuge* durch US-Präsident Franklin D. Roosevelt nochmals erweitert. 1960 entstand die *Kuskokwim National Wildlife Range*, die 1961 erweitert und in *Clarence Rhode National Wildlife Range* umbenannt und 1968 als National Natural Landmark ausgewiesen[2] wurde.

Am 2. Dezember 1980 unterzeichnete Jimmy Carter den Alaska National Interest Lands Conservation Act, der unter anderem vorsah, dass diese bereits bestehenden Refuges und Ranges zum *Yukon Delta National Wildlife Refuge* zusammengefasst und um rund 54.000 km² erweitert wurden. Ebenfalls im Zuge des Conservation Acts entstanden die *Andreafsky* und *Nunivak Wilderness Areas* auf dem Gebiet des Refuges.

Weblinks

- U.S. Fish & Wildlife Service: Yukon Delta National Wildlife Refuge (offizielle Seite) [3] (englisch)
- Andreafsky Wilderness [4] (englisch)
- Nunivak Wilderness [5] (englisch)

Einzelnachweise

[1] http://toolserver.org/~geohack/geohack.php?pagename=Yukon_Delta_National_Wildlife_Refuge&language=de¶ms=61.3666666667_N_163.716666667_W_region:US_type:landmark&title=Yukon+Delta+National+Wildlife+Refuge

[2] National Natural Landmark: Clarence Rhode National Wildlife Range (http://www.nature.nps.gov/nnl/Registry/USA_Map/States/Alaska/nnl/crnwr/index.cfm) auf *nps.gov*

[3] http://yukondelta.fws.gov/

[4] http://www.wilderness.net/index.cfm?fuse=NWPS&sec=wildView&WID=11

[5] http://www.wilderness.net/index.cfm?fuse=NWPS&sec=wildView&wname=Nunivak%20Wilderness

Yukon-Kuskokwim-Delta

Das **Yukon-Kuskokwim-Delta** ist mit etwa 70.000 km² eines der größten Flussdeltasysteme der Erde. Es befindet sich an der Mündung der Flüsse Yukon und Kuskokwim in das Beringmeer im Westen Alaskas zwischen der Bristol Bay im Süden und dem Norton Sound im Norden. Das Delta liegt im Yukon Delta National Wildlife Refuge.

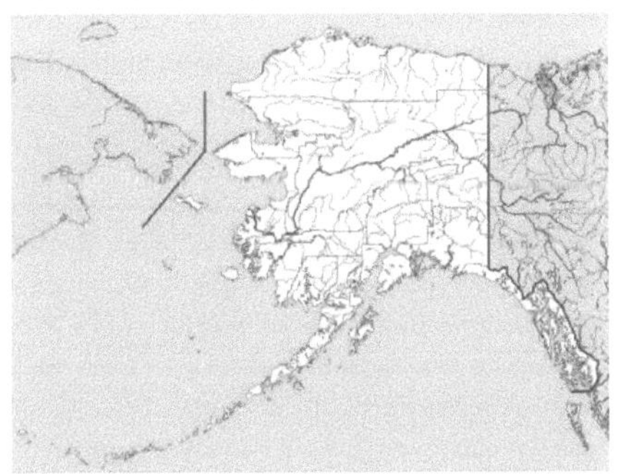

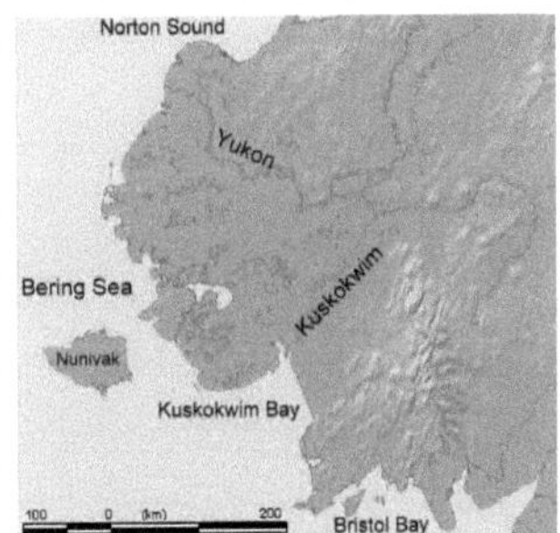

Karte des Yukon-Kuskokwim-Deltas

Der Kuskokwim mündet in die gleichnamige Bucht im Südwesten des von den Flüssen geschaffenen Schwemmlands. Die Mündung des Yukons liegt im Nordwesten am Übergang des Norton Sounds in das offene Meer. Die Insel Nunivak liegt, durch die *Etolin Strait* vom Festland getrennt, westlich der Deltas.

Die Region des Deltas, die hauptsächlich aus Tundra besteht, hat ungefähr 20.000 Einwohner, die zu 85 % zu den Ureinwohnern Alaskas aus den Völkern der Yup'ik und der Athabasken zählen. Größte Siedlung und Versorgungszentrum ist Bethel am Kuskokwim.

Zwischen Russian Mission am Yukon mit Upper Kalskag am Kuskokwim existiert mit der Yukon-Kuskokwim Portage eine historische Landverbindung zwischen den beiden Flüssen.

Weblinks

- Yukon-Kuskokwim Delta Service Area des *Indian Health Services* [1] (PDF-Datei, 452kB, engl.)

Koordinaten: 61° 22′ 0″ N, 163° 43′ 0″ W [2]

References

[1] http://www.alaska.ihs.gov/dpehs/documents/yk.pdf

[2] http://toolserver.org/~geohack/geohack.php?pagename=Yukon-Kuskokwim-Delta&language=de¶ms=61.3666666667_N_163.716666667_W_dim:400000_region:US-AK_type:landmark

Yupik

Yupik bezeichnet mehrere Gruppen der Eskimo und deren Sprachen, die auf der russischen Tschuktschen-Halbinsel, Südwestalaska und einigen Inseln von etwa 16.000 Menschen gesprochen werden.

Yupik-Mutter und -Kind, Fotografie von Edward S. Curtis

Die *Central Alaskan Yup'ik* leben im Yukon-Kuskokwim-Delta, am Kuskokwim River und an der Küste der Bristol Bay, die *Pacific Yupik* (*Alutiiq* oder auch *Sugpiaq*) auf der Alaska-Halbinsel und an der Küste sowie auf Inseln im südlichen Zentralalaska. Die Sibirischen Yupik und Naukan leben im östlichen Russland und auf der zu Alaska gehörenden Sankt-Lorenz-Insel.

In der Regel wird Yupik in kleinen Siedlungen oder bei den Nomaden gesprochen, in den großen Siedlungen bildet das Russische die Verkehrssprache. Bemerkenswert ist in Sibirien die Pflege der Sprache in bestimmten Grundschulen. Auf der amerikanischen Seite dominiert in den Siedlungen die Englische Sprache. Deren Bevölkerung sind in vielen Gemeinden zur Hälfte Weiße sowie je ein Viertel Indianer und Eskimos.

Yupik wurde erstmals während der Missionierung dieser Gruppen, in Sibirien durch Innokenti Weniaminow, in Alaska durch Reverend John Henry Kilbuck im Verlauf des 19. Jahrhunderts schriftlich festgehalten.

Siehe auch

- Kalaallit
- Inupiat

Literatur

- Lyle Campbell: *American Indian languages: The historical linguistics of Native America*; New York: Oxford University Press, 1997; ISBN 0-19-509427-1
- Marianne Mithun:: *The languages of Native North America*; Cambridge: Cambridge University Press, 1999; ISBN 0-521-23228-7 (hbk); ISBN 0-521-29875-X
- Willem J. de Reuse: *Siberian Yupik Eskimo: The language and its contacts with Chukchi. Studies in indigenous languages of the Americas*; Salt Lake City: University of Utah Press, 1994; ISBN 0-87480-397-7
- Jeela Palluq: *Inuktitut. The Inuktitut Language. Inuktitut: In the Way of the Inuit* [1]; in: Project Naming

Weblinks

- The Red Book of the Peoples of the Russian Empire: *The Asiatic (Siberian) Eskimos* [2] (englisch)
- Orthodoxe Texte aus Alaska (Yup'ik) [3]
- Sheila Wallace: *My little corner of the web ...* [4] (Ayaprun Elitnaurvik - Yupik Immersion School)

mrj:Юпиквлä

References

[1] http://www.collectionscanada.gc.ca/inuit/020018-1200-e.html
[2] http://www.eki.ee/books/redbook/asiatic_eskimos.shtml
[3] http://www.asna.ca/alaska
[4] http://www.yupik.org/

Alaska_Commercial_Company

Die **Alaska Commercial Company** war ein Unternehmen, das von 1868 bis 1922 Einzelhandelsgeschäfte in Alaska betrieb. Die *Hutchinson, Kohl & Company* aus San Francisco übernahm 1867 nach dem Kauf Alaskas von Russland die Handelsinteressen von der Russisch-Amerikanische Kompagnie und änderten den Namen in „Alaska Commercial Company".

Die Kaufläden dienten in entlegenen Dörfern zum Teil auch als Gerichtsgebäude und Postamt und waren oft der Kern, um den sich neue Siedlungen entwickelten. Da Bargeld noch kein etabliertes Zahlungsmittel war, fand auch Handel mit Gütern wie Pelzen oder Fisch und auch mit Gold und anderen Edelmetallen statt.

1922 wurde die Alaska Commercial Company von einer Gruppe Angestellter übernommen, die den Namen in **Northern Commercial Company** änderte. Das Unternehmen wurde zum Hauptlieferanten für schweres Gerät und Baumaschinen in Alaska. In den sich entwickelnden Städten wurden Warenhäuser und Reifenfachgeschäfte eröffnet.

Die Northern Commercial Company wurde 1974 in drei Einzelunternehmen aufgeteilt und veräußert. Die Warenhäuser kaufte Nordstrom, den Bereich für Maschinen und Anlagen übernahm ein Firma aus Seattle und die verbleibenden elf ländlichen Kaufläden gingen an die *Community Enterprise Development Corporation of Alaska* (CEDC), die diese unter dem ursprünglichen Namen *Alaska Commercial Company* weiter betrieb.

1992 verkaufte die CEDC die Alaska Commercial Company an die North West Company, einem aus der Hudson's Bay Company ausgegliederten Unternehmen.

Weblinks

- Alaska Commercial Company [1] (engl.)

References

[1] http://www.alaskacommercial.com/

Mission_(Christentum)

Der Begriff **Mission** leitet sich vom lateinischen „missio“ (Sendung) ab und bezeichnet die Verbreitung des christlichen Glaubens (Evangelium), meist durch für diese Aufgabe entsandte Missionare („Sendboten“). Die Mission ist meist ausgerichtet auf bestimmte Gebiete oder Zielgruppen und verfolgt in der Regel das Ziel, dass Menschen ganzheitlich, sozial Hilfe erfahren und sie sich durch Bekehrung dem Christentum zuwenden. Die Entsendung und finanzielle Unterstützung der Missionare geschieht durch eine kirchliche Institution, ein überkonfessionelles Missionswerk, eine einzelne christliche Gemeinde oder den persönlichen Freundeskreis der Missionare.

Missionar in der Südsee, 1916-17

Verwandte Begriffe sind Evangelisierung und Evangelisation.

Missionar Jansson taufend in Brasilien 1910

Biblische Grundlagen

Die christliche Missionstätigkeit gründet sich auf Passagen der Bibel, insbesondere den Missionsbefehl von Jesus an seine Jünger. Ein Missionsauftrag findet sich in sämtlichen Evangelien, sowie in der Apostelgeschichte (Mt 28,18-20 [1]; Mk 16,15 [2]; Lk 24,46-48 [3]; Joh 20,21 [4]; Apg 1,8 [5]).

Die Grundlage für den Auftrag zur christlichen Mission beschränkt sich jedoch nicht auf die neutestamentlichen Schriften. Bereits im Alten Testament findet die christliche Theologie Aussagen, die den universalen Anspruch der Offenbarung Gottes betonen – dass Gottes Botschaft und Liebe nicht nur dem Volk Israel, sondern der gesamten Menschheit gilt. So wird die Anrede Gottes an Abraham, welche die ganze Menschheit erwähnt, im Christentum im Kontext des Missionsbefehls gelesen: „Durch dich sollen alle Geschlechter der Erde Segen erlangen“ (1 Mo 12,3 nach der Einheitsübersetzung).

englischer Wandermissionar in der Mongolei 1904

Geschichte

In der christlichen Mission gibt es zahlreiche Phasen, in denen bestimmte Kirchen oder Gruppen in bestimmten Gebieten besonders aktiv waren. Hier der Hinweis auf die Darstellungen an anderer Stelle:

- Unter Missionsgeschichte entsteht ein Überblick
- die *keltisch-irische* Mission und die *angelsächsische* Mission im Europa des 6. bis 8. Jahrhunderts wird im Moment durch diese Personen dargestellt: Patrick von Irland, (Kolumban der Jüngere, Gallus, Kilian, Willibrord, Bonifatius, Gregor der Große), Germanenmission – Sachsenmission
- Mission der assyrischen Kirche des Ostens

- Byzantinische Mission in Osteuropa – im 8. bis 11. Jahrhundert (Kyrill von Saloniki und Method von Saloniki, Photios I., Olga von Kiew)
- Die Anfänge der katholischen Mission unter Jesuitische Mission und Pariser Mission
- Ein anschauliches Beispiel für die Verflechtung von Missionierung und Kolonialismus bildet die Mission in Indien
- Neuere evangelische und pietistische Missionsbewegung, ausgehend von Wegbereitern wie Nikolaus Ludwig von Zinzendorf und der Herrnhuter Brüdergemeine

Grönlandmissionar Aron von Kangeq, 19. Jh

Gegenwärtige Situation

Neben der *„Neuland-Mission“* in Gebieten ohne christliche Glaubenszeugnisse (*Pioniermission* oder früher *„Heidenmission“*) hat sich die *Weltmission* der christlichen Denominationen vielfach in eine partnerschaftliche Zusammenarbeit zwischen den Kirchen des Nordens und den Kirchen der traditionellen Missionsgebiete entwickelt, von denen die meisten heute unabhängige, selbstständige Kirchen sind. Viele dieser unabhängigen Kirchen betreiben ihrerseits Missionen: So entsendet die Evangelisch Lutherische Kirche in Tansania Missionare nach Mosambik. Südkorea ist heutzutage das Land, das weltweit die meisten Missionare entsendet.

Mit Hilfe ihrer Partner spielt in den „jungen Kirchen“ auch Diakonie eine wichtige Rolle. Weil in den Ländern des Südens Gesundheit und Bildung auf der Aufgabenliste der Regierung selten ganz oben rangiert, fühlen sich die Kirchen herausgefordert, den Menschen ganzheitlich zu dienen. Evangelisierung und Entwicklungshilfe, Gesundheitsarbeit und Sozialarbeit wird von den Mitgliedswerken des EMW, Evangelischen Missionswerk in Deutschland e. V., und der AEM, Arbeitsgemeinschaft Evangelikaler Missionen, nach eigenen Angaben vorrangig gesehen.

Mission wird eng mit Diakonie in Verbindung gebracht: Die Missionsgesellschaften der verschiedenen christlichen Kirchen verbinden ihre Arbeit mit praktischer Entwicklungshilfe.

Im ökumenischen Dialog im Rahmen der Weltmissionskonferenz hat sich der Missionsbegriff zur Missio Dei gewandelt. Er besagt: Gott selbst handelt in seiner Schöpfung, und die Christen beteiligen sich nur daran. Ganz in diesem Sinne ging es auf der Weltmissionskonferenz 2005 in Athen um die Frage, wie christliche Gemeinschaften, Kirchengemeinden vor Ort und ganze Kirchen sich an der Heilung und Versöhnung beteiligen können, welche die Menschen und Gesellschaften um sie herum dringend benötigen. Beispiele dafür sind die Theologie der Befreiung in Lateinamerika oder die Wahrheits- und Versöhnungskommission (engl. *Truth and Reconciliation Commission*) in Südafrika. Durch den Interreligiösen Dialog mit Muslimen, Juden und Angehörigen anderer Religionen versucht man, alte Missionspositionen zu überwinden.

Sowohl die katholische als auch die evangelischen Kirchen in Deutschland sehen sich in jüngster Zeit gesellschaftlichen – vor allem demografischen und steuerpolitischen – Veränderungen ausgesetzt. Bereits 1999 hat eine Synode der EKD in Leipzig Innere Mission als künftige Kernaufgabe der Kirche benannt. Besonders in den neuen Bundesländern wird die Entfremdung der Menschen von der Kirche und vom christlichem Glauben als eine große Herausforderung gesehen. Missionarischem Wirken komme hier die Aufgabe zu, auf Menschen zuzugehen, mit ihnen über ihr Leben ins Gespräch zu kommen und sie mit dem Glauben an Jesus Christus bekannt zu machen. In einer Gesellschaft der Postmoderne könne dies – insbesondere aus Sicht der Volkskirchen – nur geschehen, wenn das Christentum als ein Angebot unter vielen deutlich artikuliert wird. Deswegen wird eine überzeugende Vermittlung christlicher Werte für zunehmend unverzichtbar gehalten.

Laienmission

Oft werden Missionseinsätze nicht von fest angestellten Missionaren, sondern von Laien durchgeführt, welche sich zwischen einer Woche und ungefähr zwei Jahren im Ausland einsetzen und oft die fest angestellten Missionare in ihrer Tätigkeit unterstützen. Die Grenze zwischen Festanstellung und Laie sind dabei fließend. Sehr kurze Einsätze von einer bis fünf Wochen sind eine Art Feriengestaltung. Solche Einsätze können auch in der Gruppe (beispielsweise als Jugendgruppe) durchgeführt werden.

Die Spannbreite dieser Einsätze reicht vom Segeltörn auf einen Missionsschiff bis zur Ferienlagergestaltung für andere Kinder in einem Sommerlager.

Kritik

Die christliche Mission wird sowohl von nicht-christlicher als auch von christlicher Seite kritisiert, wobei diese Kritik entweder grundsätzlicher Art ist oder nur einzelne Aspekte der Mission ablehnt. Kritisiert werden z. B. Zwangstaufen, wie sie in Deutschland besonders zur Zeit der Sachsenkriege Karls des Großen vorkamen, Proselytismus und die enge Verbindung von Missionaren mit der staatlichen Kolonialpolitik in der Zeit der Conquista und des Imperialismus.

Siehe auch

- Missionswissenschaft
- Missionierende Religion
- Christianisierung
- Missionare der Kirche Jesu Christi der Heiligen der Letzten Tage
- Akkommodation
- Inkulturation
- Kirchengeschichte

Literatur

- Tinko Weibezahl: "'Darum geht zu allen Völkern' - Die Bedeutung christlicher Missionsschulen für Elitenbildung in Afrika" [6], *KAS-Auslandsinformationen* [7] *07/2011*, Berlin 2011, S. 23-42.
- Fritz Kohlbrunner: *Mission.* In: Volker Drehsen et al. (Hrsg.): *Wörterbuch des Christentums.* Orbis Verlag, München 1995, ISBN 3-572-00691-0 (S. 811ff)
- Norman Lewis: *Die Missionare. Über die Vernichtung anderer Kulturen. Ein Augenzeugenbericht.* Stuttgart 1982, ISBN 3-608-95312-4
- Stephen Neill: *A History of Christian Missions (The Penguin History of the Church, Volume Six).* 2. überarbeitete Auflage, London 1990, ISBN 0-14-013763-7
- Neal Pirolo: *Berufen zum Senden* Haenssler Verlag, ISBN 3-7751-3646-0
- Gert von Paczensky: *Verbrechen im Namen Christi. Mission und Kolonialismus.* Orbis Verlag 2002, ISBN 3-572-01177-9
- Ute & Frank Paul (Hrsg.): *Begleiten statt erobern. Missionare als Gäste im nordargentinischen Chaco.* Neufeld Verlag, Schwarzenfeld 2010, ISBN 978-3-937896-95-3.
- Werner Raupp: *Mission in Quellentexten.* Verlag der Evang.-Luth. Mission, Erlangen 1990, ISBN 3-87214-238-0
- Wolfgang Reinbold: *Propaganda und Mission im ältesten Christentum. Eine Untersuchung zu den Modalitäten der Ausbreitung der frühen Kirche.* FRLANT Bd. 188, Vandenhoeck und Ruprecht, Göttingen 2000, ISBN 3-525-53872-3
- Thomas Schirrmacher; *Aufbruch zur modernen Weltmission* – William Careys Missionstheologie Ref. Verlag H.C.Beese, ISBN 3-928936-58-1

- Michael Sievernich: Christliche Mission [8], Europäische Geschichte Online Mainz 2011, Zugriff am: 23. Mai 2011.
- Joachim Wietzke (Hrsg.): *Mission erklärt. Ökumenische Dokumente von 1972 bis 1992.* Leipzig 1993 ISBN 3-374-01479-8
- Klaus Wetzel: *Missionsgeschichte Deutschlands.* 2005, Korntaler Reihe 2, VTR, ISBN 3-937965-18-1
- Klaus Wetzel: *Bevölkerungsentwicklung und Mission*, 2005, Korntaler Reihe 4, VTR, ISBN 3-937965-47-5

Weblinks

- Aktuelle Literatur zum christlichen Missionsverständnis [9]
- Missions Bibliography [10]
- Biblical Theology of Mission: Reading Guide [11]

References

[1] http://www.bibleserver.com/go.php?lang=de&bible=EU&ref=Mt28%2C18-20
[2] http://www.bibleserver.com/go.php?lang=de&bible=EU&ref=Mk16%2C15
[3] http://www.bibleserver.com/go.php?lang=de&bible=EU&ref=Lk24%2C46-48
[4] http://www.bibleserver.com/go.php?lang=de&bible=EU&ref=Joh20%2C21
[5] http://www.bibleserver.com/go.php?lang=de&bible=EU&ref=Apg1%2C8
[6] http://www.kas.de/wf/de/33.23329/
[7] http://www.kas.de/wf/de/34.5/
[8] http://nbn-resolving.de/urn:nbn:de:0159-2011020163
[9] http://www.theologie-systematisch.de/religion/9mission.htm
[10] http://www.newlifeministries-nlm.org/bibliographies/bib-missions.doc
[11] http://roxborogh.com/Research/Biblical%20Theology%20of%20Mission%20Reading.doc

Article Sources and Contributors

Bethel_(Alaska) *Source*: http://de.wikipedia.org/w/index.php?title=Bethel_%28Alaska%29 *Contributors*: Aberglaube, Aconcagua, Brain, DerGute!, Emes, Flashenposter, Florian.Keßler, Gary Dee, Jpp, Katanga, Man77, Matthiasb, Peter200, Peterlustig, Triebtäter, ¡0-8-15!, 1 anonymous edits

Alaska *Source*: http://de.wikipedia.org/w/index.php?title=Alaska *Contributors*: 20percent, 4tilden, A.Savin, AHZ, APPER, AchimP, Aconcagua, Adi 23, Ahellwig, Aka, Alexander Z., Alfons2, Andreas 06, Antvet, Aragorn05, Arbeo, Armin P., Asthma, Auszeit, Avoided, Axt, BKLuis, BLueFiSH.as, Bahnmoeller, Baird's Tapir, Bastian1608, Benyielding, Berg2, Bernburgerin, Bernd vdB, Bierdimpfl, BishkekRocks, Björn Bornhöft, Blaubahn, Buecher, Bärski, C-M, Ceolwulf, Chamblon, Cherubino, Chin tin tin, ChrisHamburg, Christoph Leeb, Christoph Wagener, Christopher Lorenz, Ciciban, Citylover, Claudius clemens, Codc, Coldfusion, Cologinux, Complex, Concept1, Corvuscorax, Crux, Cybog, Cyvh, D, D.j.mueller, Daluege, Dandelo, Daniel73480, Darkone, DasBee, David torso, Decius, Dellex, Delos1970, Der gelehrte hermes1974, Der.Traeumer, DerGute!, DerHexer, Derim Hunt, Diba, Dobby1397, Dodo von den Bergen, Dolos, Don Magnifico, Dr. Manuel, Ein anderer Name, ElRaki, ElenaF, Engie, ErikDunsing, Ernst pluess, ErnstA, Euphoriceyes, FatmanDan, Felix Stember, Felix1995, Fit, Flavia67, Flominator, Florian Adler, Flups, Flurinamsler, Frank Murmann, Frank Schulenburg, Franz Xaver, FredericII, Fry1989, Furfur, GDK, Generalpd, Gerbil, Gersve, Gilliamjf, Glasperlenspieler, Gnu1742, Gommai, Gruber Joel, Gulp, Guntscho, H-stt, HaeB, Hagen Graebner, Hannes Röst, Hans-Friedrich Tamke, Hansbaer, Hao Xi, Haring, He3nry, Head, Hedwig in Washington, Heinzi.at, Helenopel, Helmut Welger, Herrick, Hgav, Hofres, Holly70, Hubertl, Huebi, Huhsunqu, Icehunter, Ilion, Ilja Lorek, InterEsp, Investor, J. 'mach' wust, J8, JAF, Janneman, Jeremiah21, Jergen, Jhartmann, Jo Atmon, John Eff, Johnny Controletti, Johnny T, Joku, Judit Franke, Juhan, Jón, KCMO, KaiMeier, Kam Solusar, Kate Walker, Katty, Keimzelle, Keineahnung.de, Kksen, Kku, Koerpertraining, Krawi, Kurmis, Käptn Weltall, LKD, Liesel, Lirum Larum, Lobservateur, Louis Bafrance, MIBUKS, Mac, MacCambridge, Magnummandel, Marcoscramer, Marcus.palapar, MarkusHagenlocher, Martin-vogel, Martin1978, Martinwilke1980, Matthias Hake, Matthiasb, Matthäus Wander, Michail, Migra, Minotauros, Mirco72, Mnh, Moguntiner, Monsterxxl, Morruk, Muck31, Murpsel, Musik-chris, Müdigkeit, NCC1291, NIFOX, Napa, Narayani, Ne discere cessa!, NebMaatRe, Nephelin, Neu1, Nichtbesserwisser, Nicolas G., Niesy74, Nockel12, Nocturne, Nordelch, Numbo3, Olei, Ora Unu, Orchideenbauer, Orwlska, Ot, Pakeha, Paramecium, PaterMcFly, PaulBommel, PeeWee, Pelinot, Peng, Peter200, Philipd, Philipendula, Philipp Gruber, Pill, Pischdi, Pittimann, Pjacobi, Platte, Quassy, Raven, Rdb, Regi51, Revvar, Rjh, Robb, Rolf Fröhling, Rolf Maria Rexhausen, Roo1812, Roxanna, SCPS, STBR, Salomis, Sampi, Sascha Brück, Schaengel89, Schejksbier, SchirmerPower, Schmechi, Schniggendiller, Schnoatbrax, Schnulli00, Schoeniaw, Scooter, Sechmet, Semper, Sepia, Septembermorgen, Shepard, Sicherlich, Siebzehnwolkenfrei, Sinn, Sintonak.X, SkotFederal, Slimguy, Smial, Snatok, Southpark, Sovereign, Splayn, St.Krekeler, Star Flyer, SteKrueBe, Stefan Kühn, Stefan Volk, StefanC, Stern, Studmult, Sulfolobus, Sylver44, Sypholux, TOMM, TUBS, Texec, Thogo, Thomas Tunsch, Thorbjoern, Tobi 0210, Tobi B., Tobnu, Toxilly, Trigonomie, Tullius, Twam, Tönjes, Unscheinbar, Unukorno, Uwe Gille, Voevoda, WAH, WIKImaniac, Waithamai, Weasel, WebScientist, Westiandi, WikiPimpi, WillyGreenhorn, Wimpernschlag, WinstonSmith77, Wiska Bodo, XV HTV 1352, XenonX3, YourEyesOnly, Zabriskiepoint, Zaibatsu, Zaphiro, Zaungast, Zenit, Zinnmann, Zollwurf, Zoris Trömm, Ĝù, 539 anonymous edits

Bundesstaat_der_Vereinigten_Staaten *Source*: http://de.wikipedia.org/w/index.php?title=Bundesstaat_der_Vereinigten_Staaten *Contributors*: 1001, 32X, 790, ALE!, Addicted, AdjustShift, Ahanta, Aka, Alkab, Amygdala77, AndreasE, Andy king50, Asthma, Aylissa, Azim, Benatrevqre, Blunt., Brain, Cchhrriissii, Cherubino, Cindippo, Corrigo, Crazyjojo, Crux, Csörföly D, Czernowitz1775, Dactyl, Dages, Daniel 1992, Darkone, DerHexer, Elian, Emes, ErnstA, Eryakaas, Euku, Euphoriceyes, Farino, Filosof, Firefox13, Florian.Keßler, Frado, Frank Reinhart, Furfur, Gaius Marius, Gary Dee, Gauss, Gilliamjf, Gunnar Eberlein, HaSee, Hansele, Haring, Harry8, Head, Hedwig in Washington, Heil Hiitler, Helenopel, HenrikHolke, Henristosch, Herrick, Hhdw, Holly70, Howwi, Hr, Häsk, Hæggis, Ianusius, Immanuel Giel, Inkowik, Intertorsten, Itu, J. Schwerdtfeger, J.Rohrer, JCIV, Jackson, Janaqueen, Jed, Jivee Blau, Johnny789, Jpp, Jón, Karl-Henner, Katty, Kdwnv, Kloth, Legion, Leipnizkeks, Leonach, MARK, MARVEL, MBq, Magadan, Mannerheim, Martin Bahmann, Masturbius, Matthias910, Matthiasb, Matthäus Wander, MaxStieger, Mh26, MilD, Mirer, Nephelin, Neuroca, Nixred, Noclador, Olei, Ottokar-Przemysl, Pelotas, Pentachlorphenol, Perrak, Peter200, Pittimann, Platte, Primus von Quack, Rax, Rdb, Redf0x, Regi51, Revolus, RoBri, Robodoc, Rosenzweig, Röhrender Elch, SamM, Schaengel89, Schniggendiller, Scooter, Sebmol, Sinn, Sintonak.X, Sir747, Small Axe, Soloturn, Southpark, Spuk968, Stanzilla, SteffenB, Stoffl.s, Stw, Tendy, Thomas Bohn, Tobi B., Tower of Orthanc, Umweltschützen, Uwe Kessler, WAH, Walter Gibson, Wladi001, Wyna, X-Weinzar, Xantener, Zaphiro, Zaungast, Zenit, 134 anonymous edits

Vereinigte_Staaten *Source*: http://de.wikipedia.org/w/index.php?title=Vereinigte_Staaten *Contributors*: -colt-, 08-15, 3ecken1elfer, 4tilden, 5hoch5, 790, 7schläfer, A.Ammersee, A.Savin, ALE!, APPER, AZtec, Abe Lincoln, Acf, Acfrinke, Achim Raschka, Aclockworkorange, Actionfilmsammler, AdaRover, Addicted, Adornix, Afforever, Aglarech, Agmts, Ahanta, Ahoerstemeier, Aka, Alaska hal, Aleister Crowley, Alexander Leischner, Alexander Z., Alkab, Aloiswuest, Alondro666, Alpha908, AlphaCentauri, Alphamf, Amano1, Amodorrado, Andim, Andre Engels, AndreasBL, AndreasE, Androl, Andyg, Anschroewp, Anselm Schmidt, Antaios, Antemister, Appleptiker, Aquisgranum, Aragorn05, Arbeo, Ardo Beltz, Aristeides, Armin P., Arno.boese, As0607, Askalan, Assarhaddon, Asserty, Asthma, Ataraxis1492, Aths, Aufräum, Auswärtssieg, Axarches, Axo, Axpde, Azim, BA123, BK, BLueFiSH.as, Bachforelle, Bachsau, Bahnmoeller, Balbor Than, Balû, Banaz, Barabbas, Barb, Barnos, Bateyes, Baumanns, Bautsch, Ben gb, Benatrevqre, Bender235, Bene16, Benowar, Berlin-Jurist, Bernard Ladenthin, Bernd Schwabe in Hannover, Bernd vdB, Bertonymus, Bgqhrsnog, Bgressor, Bhuck, Binningench1, Birger Fricke, BlaMa, Black-Landy, Blah, Blaubahn, Blauraum, Bleichi, BlueCücü, Blunt., Blur4760, Boesser, Boscastle, Bradypus, Brain, Breeze, Brummfuss, Bsmuc64, Bubo bubo, Buchling, Bulgakov, BurghardRichter, Busbahnhof, Büchsenöffner, Bürger-falk, C.Löser, CBP, CJ Mancini, CaesarAvgvstvs, Caeschfloh, Callidior, Calzino, Caotic, Captain Blood, Captain Crunch, Caradhras, Casra, Cchhrriissii, Cecil, Cepheiden, Charasta, Cherubino, Chiananda, Chris Krause, Chris06, Chris72, Chrissib1989, Christian140, ChristianBier, Christoph0104, ChristophDemmer, Church of emacs, Churchymayer, Cikilein, Claudia1220, Cocoloi, Codaky, Cointel, Coldfusion, CommonsDelinker, Complex, Concept1, Conny, Conversion script, Coursel, Cousto, CrazyBlizzard, Crissov, Crux, Cubsimba, Cusquena, Cyper, D, D0c, DHReutter, DaB., Daaavid, Dachris, Dagmar de Meeouw, Dalisay, Daniel, Daniel Kirsten, DanielMrakic, Daondo, Dark Charles, Darkone, Darouler, David Seppi, Dawn, Debauchery, Demmelhuber, Denny, Der Kolonist, Der Meister, DerPaulianer, Dergreg:, Diba, Dick Tracy, Die Sengerin, Diebu, Digital soul, Dinarsad, DiomedesTW, Dirkb, Ditschi, Diwas, Dkling, Doc Sleeve, Docmo, Don Magnifico, Don-Auer, Donsamuel007, Dozor, Dr. Manuel, Dragonfan100, Driv, Dsmurat, Duesentrieb, Dutiboy13, Dynam1te3, Dynhalil, EBB, EUBürger, Eddie2, Ede1, Einsamer Schütze, Eisbaer44, El Suizo, ElRaki, Elamo-michi, Elian, Elisabeth59, Elya, Emes, Empoor, Enlarge, Ergo 11, ErikDunsing, Ernst pluess, Eru115, Erwin E aus U, Escla, Euku, ExIP, Exchequer, Eynre, F. Saerdna, FAFA, FBE2005, FSLEP, FWHS, Fab, Faber-Castell, Fah, Fanergy, Farino, Farley Hill, Feidl, Felix Stember, Felix Wiemann, Felix87, Felixkrull, Fenice, Fernirm, Fiat jux, Filmtechniker, Filzstift, Firefox13, Fjoerg, Fladi, Flip666, Flo123777, Flo422, Flominator, Florian Adler, Florian.Keßler, Flöthilf, FlügelRad, Foundert, Frank Murmann, Frankee 67, Frankey25, Freedom Wizard, Fristu, Fritz, FritzG, Frostmann, Frosty79, Fu-Lank, Fujnky, Furfur, FutureCrash, Fuzzy, G-41614, G. Vornbäumer, GDK, GLGerman, GNosis, Gaga, Gamgee, Gamma9, GaraviB., Gary Dee, Gauss, Genie 120, GentleJack, Gerdbrendel, Gerhardvalentin, Gero-Harro, Gerrys, Geschichtsfan, Gesichts;-)kontrolle, Giftmischer, Giftpflanze, Gilman, Giloumi, Glasperlenspieler, Gmathol, Gnarr, Gnu1742, Goldcolt, Goldplie, Gonzo bo, Goreb, Gorgo, Gorwin, Gothicgott, Goto Dengo, Grawp, GregorHelms, Grey Geezer, Griesgram, Grochim, GrummelJS, Gugganij, Gum'Mib'Aer, Gurgelgonzo, GustavNill, Gut informiert, HWWI, Haascht, Hadhuey, HaeB, Hagbard, Hallo30000, Hannes Röst, Hans-Jürgen Hübner, Hans555, Hansbaer, Haring, Harro von Wuff, Harrypotter95, Hashar, HdEATH, He3nry, Head, HeinrichJürgensen, Helenopel, Helmigo, Henniava, Henning Blatt, HenrikHolke, Henry II, Herrick, Hesse-Kücke, Hgulf, Hi-Lo, High Contrast, Highpriority, Highwayman82, Himuralibima, Hmwpriv, Hoffmansk, Hoheit, Hokanomono, Holly Tyler, Homer Landskirty, Horge, Horst, Horst Emscher, Hr, Hubertl, Hybscher, Häsk, IG-100, IGEL, IL Juventino, IP-Wesen, Iamhere, Ichdertom, Igelball, Igrimm12, Ilja Lorek, Ilse1947, Interpretix, Intertorsten, Inu, Irmgard, Isderion, Item, Itti, Ixitixel, J budissin, J. Donne, J. Schwerdtfeger, J.-H. Janßen, J.Rohrer, JAMES BOND, JCIV, JD, JFKCom, JOE, JPP, Jacii, Jackson, Jakob stevo, Jakobdoerr, Jan B, Janneman, Jashuah, Jay-Tee H., Jazzman, Jed, Jefferson, Jens500, JensBaitinger, Jerchel, Jergen, Jesusfreund, Jivee Blau, Jkü, Jmsanta, Jobu0101, Jodo, Jofi, Johannes XXIII., John Eff, Joker.mg, Jonelo, Jonesey, Josemaria, Joseph B, Jpetersen, JuTa, Judith Wittig, Judithhh, Juesch, Julian Herzog, Julius1990, Jupp72, Jón, K.u.k. Fan, KWa, Kam Solusar, Kapitän Nemo, Kara Königswald, Karl-Friedrich Lenz, Karl-Henner, Karo73, Katach, Katharina Simon, Katta, Katty, Katzenmeier, Kdwnv, Kevinin, Kevyn, Kh555, Kickers, Kihosa, King lois, Kksen, Klare Kante, Klever, Kliv, Klugschnacker, KnightMove, Knoerz, Koda, Koelnerbinchen, Kohl, Kolossos, Kopflos, Kriegslüsterner, Kris Kaiser, Krischan111, Krje, Kryston, Kubrick, Kurt Jansson, KurtR, Kwerdenker, König Alfons der Viertelvorzwölfte, Königstyrann, LIU, LKD, La Fère-Champenoise, Langsamkommenlassen, Lateiner, Laubbaum, Lauterer92, Lax, Lear 21, Leftie11, Leit, Leki, Lencer, Lennert B, Leon, Leon22, Lettres, Leuche, Lib, Libro, Liesel, Lightbearer, Lightning666, Lirum Larum, Littl, LogoX, Longthongue, Louis88, Lukas Geier, Luki09, Lukian, M104, M9IN0G, MAK, MARK, MF-Warburg, Mac, Maclemo, Maddinh, Maggot, Magnummandel, Man-u, Mandavi, Manecke, Manfred T, Manni88, Mape, Marcel Krüger, Marcel083, Marco Engel, Marcw, Markus Mueller, MarkusHagenlocher, Martin Riedel, Martin-vogel, Martinvoll, Martinwilke1980, Marvin II, Mason.Jones, Masta Chilla, Mathias Schindler, Matt1971, Matt314, Matthiasb, Matthäus Wander, Matzematik, MauriceKA, Mauritsi, MaurizioBochum, Maus-78, Mausch, Mechanicus, Meckerer, Media lib, Megid, Melancholie, Mendralim, Mh26, Mhampel, Micha LA, Michael13, Michael17, Michael82, Michaelt1964, Michail, MichiK, Mideal, Mifrank, Miggel, Migra, Mihály, Mikano, Mikue, Mikullovci11, Millbart, Mino, Mirer, MisYo, Mitterertux, Mnh, Moguntiner, Mondtraum, Monte Schlacko, Morric, Mpathy, Mr vega, Mr. B.B.C., Mr.McLeod, MrTux, MsChaos, Muck31, Mue, Muffingg, Murphy567, Murtasa, Mwka, My Friend, N.a.b.a.d.w.i.s, NCC1291, Nachtagent, Napa, Nd, Negerfreund, Neitram, Nemissimo, Nephelin, Nerd, Nergal, Nichtbesserwisser, Nickiderweissehund, Nicklas A. Sune, Nicolas Barbier, Nikai, Nike86, Niki.L, Nils Simon, Nina, Ninety Mile Beach, Nixred, Nize, Nobody perfect, Nockel12, Nocturne, Normalo, Nornen3, Nothere, OCTopus, Oberbefehlshaber, Oberlaender, Obersterunterster, ObiKenobi, OecherAlemanne, Ogharis, Okatjerute, Oktay78, Ole62, Oletier, Oliver747, One-eyed pirate, Otto, Otto Bofunto, Otto Normalverbraucher, Ottomanisch, Ozi64, PDD, PVB, Paddy, Pandat, Panther433, ParaDox, Pascalrossi, Pass3456, Paulhaas, Peacock1000, Pedda1989, PeeCee, Pentiumforever, Perrak, Peter Buch, Peter Weis, Peter von der Gladebeke, Peter200, Peterlustig, Pfarrer, PhJ, PhWin, Philipendula, Philipp.b, Pill, Pischdi, Pixelfire, Pjacobi, Plauz, Pluralis, Pm, Poisend-Ivy, Pokefan212, Polarlys, Politbildung, Polskagangsta, PolskiNiemiec, Porter2010, Pretendo, Primus von Quack, Prokant, Prolineserver, Prolinesurfer, ProloSozz, Proofreader, PsY.cHo, Pucki, Purist, Purodha, Pytho, Pyxlyst, Qwertzman, R.sponsel, Raffo32, Raffzahn, Rafl, Rainer Bielefeld, Ralf5000, Rapober, Ratzer, Raubsaurier, Rax, Raymond, Raymond83, Rbuchholz, Rd232, Rdb, Rec, Redf0x, Redman04, Reimmichl-212, Reinhard Kraasch, Reissdorf, Reykholt, Rh, Ri st, Richard Huber, Rita2008, Robb, RobertLechner, Robodoc, Rock801, Roest, Roland A, Rolling Thunder, Ron Halls, RonaldH, Roogla, Rosenzweig, RoswithaC, Roterraecher, Rudolf Pohl, Rudolfox, Ruestz, Ruhrpott-Prolet, Röhrender Elch, S.Didam, S.Mielke, SCPS, SSoimmmoenr, STBR, Saforrest, Sallynase, Sandstein, Sansculotte, Sascha Brück, Sascha-Wagner, Schaengel89, Scherben, Schewek, Schlaubi08, Schlurcher, Schmackes, Schnargel, Schnoatbrax, Schoeniaw, SchwarzerKrauser, Sciurus, Scooter, ScroogeMcDuck, Sd5, Se9§w!, Seattle, Seb1982, Sebastianvader, Sebmol, Secular mind, See335, Seewolf, Sentry, Seoester, Septembermorgen, Sergio Delinquente, Sewa, Shkumbin95, Shoshone, SibQ, Sicherlich, Simon Ragis, Simpsons3, Simpsonsfan2, Sir, Sir.toby, SirTux, Situli, Ska13351, Skriptor, Skyman gozilla, Slobodan, Slomox, Smartlad, Sneecs, Snudi, Socob, Soffer, Softeis, Solphusion, SoniC, Southpark, Sovereign, Spandaujerry, Speedator, Speifensender, Spitzl, Spotty, Spuk968, Spundun, Srl, Srtxg, St.Krekeler, StYxXx, Star Flyer, Stauba, SteFre, SteMicha, Stefan Knauf, Stefan Kühn, Stefan2, Stefan64, StefanAndres, Stefanbw, Stefanf74, Stefanux, Steffen, Stern, Steschke, Stilfehler, StillesGrinsen, Stoibär, Stop u.s. terror!, Strikerman, Stw, Stylor, Suirenn, Sulfolobus, SuperFLoh, Suricata, Susu the Puschel, Sven-steffen arndt, Svenja, Syntaxys, T. Schmidbauer, TUBS, TW, Takendone, Takeru-kun, TammoSeppelt, Taron, Taxiarchos228, TdL, Technoholic, Teddycom, Telim tor,

Terabyte, Terfili, Terrafire, Tesslo, The Man in Question, The New Mikemoral, The weaver, TheFishnr1, TheHouseRonBuilt, TheK, TheRedlight, Theonly1, Theredmonkey, Thomas, Thomas Tunsch, Thomas doerfer, Thomasx1, Thommess, Thorbjoern, Tim Pritlove, Tim.landscheidt, Tinl0af, Tischbeinahe, Tischlampe, Tizian Ballweber, Tobias1983, TobyDZ, ToddyB, Toksave, TomK32, TomRohwer, Tomavatar, Toter Alter Mann, Toxilly, TrashCanBoy, Tsor, Tsui, Turan MUC, Twain88, Twam, Tzzzpfff, UGAC, UKGB, Ubootkommandantin, Udo.Netzel, Ulitz, Ulm, Umherirrender, Umweltschützen, Unscheinbar, Ureinwohner, Urizen, Uwca, Uwe Gille, Uwe.Buenting, Uwe1959, Vagabund, Van der Hoorn, VanKain, Vandenhoek, Varulv, Vicbrother, Vigilius, Vinci, Viplux, Vivre, Vladislav, Vodimivado, Vorrauslöscher, Voyager, WAH, WIKIdesigner, Wangen, Wasseralm, Weiacher Geschichte(n), WernerPopken, Whitehawk, WiESi, Wickie37, Wiki-vr, Wikifreund, Wikijunkie, Wikinaut, Wilhans, Winki, Wirama, Wissle, Woehlecke, Wolchik, Wolfgang1018, Wolfi 2005, Wst, Wurgl, Wuzel, Wuzur, Xdinox, Yahp, Yeghnikyan, Yoda1893, Yoto, YourEyesOnly, Zacken200, Zaibatsu, Zaphiro, Zebbez, Zenit, Zeno Gantner, Ziko, Zimmi, Zinnmann, Zulu55, Zwangsumbenennung007, ZweiBein, °, , 1123 anonymous edits

Kuskokwim_River *Source*: http://de.wikipedia.org/w/index.php?title=Kuskokwim_River *Contributors*: Aconcagua, Arbeo, Latebird, Matthiasb, Nobart, Nolanus, Rainer Lippert, Slimguy, SteveK, 4 anonymous edits

Bethel_Census_Area *Source*: http://de.wikipedia.org/w/index.php?title=Bethel_Census_Area *Contributors*: Aconcagua, Johnny T, Triebtäter, Weltenbummlerin

Yukon_Delta_National_Wildlife_Refuge *Source*: http://de.wikipedia.org/w/index.php?title=Yukon_Delta_National_Wildlife_Refuge *Contributors*: Aconcagua, Krawi, Vux, Wilske, 1 anonymous edits

Yukon-Kuskokwim-Delta *Source*: http://de.wikipedia.org/w/index.php?title=Yukon-Kuskokwim-Delta *Contributors*: Aconcagua, Aka, Guffi

Yupik *Source*: http://de.wikipedia.org/w/index.php?title=Yupik *Contributors*: 1001, AN, Aconcagua, Aineias, Asthma, Dietrich, Ebcdic, Hans-Jürgen Hübner, Hhdw, Hippophaë, Johannes Rohr, Karsten11, Kmoksy, Knoerz, Krawi, Kunani, Lars Severin, Napa, Numbo3, PhJ, Pjacobi, QualiaUser, Saltose, Terabyte, ThomasPusch, TomK32, Weissbier, 18 anonymous edits

Alaska_Commercial_Company *Source*: http://de.wikipedia.org/w/index.php?title=Alaska_Commercial_Company *Contributors*: Aconcagua, Papa1234

Mission_(Christentum) *Source*: http://de.wikipedia.org/w/index.php?title=Mission_%28Christentum%29 *Contributors*: 44Pinguine, 4tilden, Adomnan, Afrank99, Ahmadi, Aka, Amphibium, Andrea 34, Artmond C. Skann, Asfarer, Athanasian, Aths, Bene16, Bertramz, Bhuck, Biblelover, Björn Bornhöft, Blaue Orchidee, Cacaufansamuel, CatMan61, Cethegus, ChoG, Cholo Aleman, ChristophDemmer, Complex, Dances with Waves, DasBee, Der.Traeumer, Diba, Diebu, Diskriminierung, Dominic Z., Dutz, Désirée2, Frank Schulenburg, Friedrich Degenhardt, Generator, Giftmischer, GiordanoBruno, Graf-Stuhlhofer, Grani, GregorHelms, Gugganij, HaSee, Hajotthu, He3nry, Helgewendt, Herbert Frohnhofen, Hergé, Hermy, Herr Lennartz, Hubertl, Ikar.us, IngaGottschalk, Irmgard, JOE, Jed, Jordi, KWa, Karl-Henner, Konnie, Korinth, Krankman, LKD, LogoX, Logograph, Lutero, MAY, Magnus, Manecke, Mathetes, Matzmainz, Mediatus, Mudd1, Muskoka, Nikkis, Nirusu, Parakletes, PaterMcFly, Peter200, Phoinix, Pittimann, Rhg, Robert Huber, Robin.r, Rorinlacha, Rotaraz, Rsk6400, Sathan der Waise, Schewek, Schlunki, Schreibvieh, Segelschiff, Sirdon, Spuk968, Sr. F, Steffen, Theolexperte, Theoslogie, Timothy1998, Tomatom, Tomisti, Towih, TupajAmaru, Umweltschützen, Usquam, Volvoc, WIKImaniac, Wally, Wiegels, Wikigerman, Wikitom2, WilhelmSchneider, Wimmerm, Wolfgang1018, Wrimpus, Wst, Wächter, Xenos, Xupu, YCC, YourEyesOnly, Ziegenbald, Zollernalb, Zombi, °, €pa, 94 anonymous edits

Image Sources, Licenses and Contributors

Datei:USA Alaska location map.svg *Source*: http://de.wikipedia.org/w/index.php?title=Datei:USA_Alaska_location_map.svg *License*: unknown *Contributors*: User:Alexrk2

Datei:Bethel Alaska aerial view.jpg *Source*: http://de.wikipedia.org/w/index.php?title=Datei:Bethel_Alaska_aerial_view.jpg *License*: unknown *Contributors*: Clindberg, DanMS, Dankarl, Túrelio, Xnatedawgx, Zyxw

Bild:Flag of Alaska.svg *Source*: http://de.wikipedia.org/w/index.php?title=Datei:Flag_of_Alaska.svg *License*: unknown *Contributors*: Anime Addict AA, AnonMoos, Dbenbenn, DevinCook, Duck that quacks alot, Dzordzm, Fry1989, Homo lupus, Juiced lemon, Juliancolton, MGA73, Mattes, Nightstallion, R2D2Art2005, Resident Mario, Serinde, Smooth O, VIGNERON, Wester, Zscout370, 10 anonymous edits

Bild:Alaska-StateSeal.svg *Source*: http://de.wikipedia.org/w/index.php?title=Datei:Alaska-StateSeal.svg *License*: unknown *Contributors*: U.S. Government

bild:Alaska in United States (US49+1).svg *Source*: http://de.wikipedia.org/w/index.php?title=Datei:Alaska_in_United_States_(US49+1).svg *License*: unknown *Contributors*: TUBS

bild:Map_of_Alaska_NA.png *Source*: http://de.wikipedia.org/w/index.php?title=Datei:Map_of_Alaska_NA.png *License*: unknown *Contributors*: Huebi, Juiced lemon

Datei:Alaska area compared to conterminous US.svg *Source*: http://de.wikipedia.org/w/index.php?title=Datei:Alaska_area_compared_to_conterminous_US.svg *License*: unknown *Contributors*: User:Sting

Image:Klimadiagramm-metrisch-deutsch-Anchorage (Alaska)-USA.png *Source*: http://de.wikipedia.org/w/index.php?title=Datei:Klimadiagramm-metrisch-deutsch-Anchorage_(Alaska)-USA.png *License*: unknown *Contributors*: Hedwig in Washington

Image:Klimadiagramm-metrisch-deutsch-Cold Bay-USA.png *Source*: http://de.wikipedia.org/w/index.php?title=Datei:Klimadiagramm-metrisch-deutsch-Cold_Bay-USA.png *License*: unknown *Contributors*: Hedwig in Washington

Image:Klimadiagramm-metrisch-deutsch-Fairbanks (Alaska)-USA.png *Source*: http://de.wikipedia.org/w/index.php?title=Datei:Klimadiagramm-metrisch-deutsch-Fairbanks_(Alaska)-USA.png *License*: unknown *Contributors*: Hedwig in Washington

Image:Klimadiagramm-metrisch-deutsch-Juneau(Alaska)-USA.png *Source*: http://de.wikipedia.org/w/index.php?title=Datei:Klimadiagramm-metrisch-deutsch-Juneau(Alaska)-USA.png *License*: unknown *Contributors*: Hedwig in Washington

Image:Klimadiagramm-metrisch-deutsch-Kodiak(Alaska)-USA.png *Source*: http://de.wikipedia.org/w/index.php?title=Datei:Klimadiagramm-metrisch-deutsch-Kodiak(Alaska)-USA.png *License*: unknown *Contributors*: Hedwig in Washington

Image:Klimadiagramm-metrisch-deutsch-Nome(Alaska)-USA.png *Source*: http://de.wikipedia.org/w/index.php?title=Datei:Klimadiagramm-metrisch-deutsch-Nome(Alaska)-USA.png *License*: unknown *Contributors*: Hedwig in Washington

Datei:Alaska population map.png *Source*: http://de.wikipedia.org/w/index.php?title=Datei:Alaska_population_map.png *License*: unknown *Contributors*: Original uploader was JimIrwin at en.wikipedia

Datei:Totempfahl.jpg *Source*: http://de.wikipedia.org/w/index.php?title=Datei:Totempfahl.jpg *License*: unknown *Contributors*: Albertomos, Calliopejen, Himasaram, Infrogmation, Maksim, Olivier2, Red devil 666

Datei:Denali-from-reflection-pond.jpg *Source*: http://de.wikipedia.org/w/index.php?title=Datei:Denali-from-reflection-pond.jpg *License*: unknown *Contributors*: Wrh2 (talk).

Datei:Gates of the Arctic National Park.jpg *Source*: http://de.wikipedia.org/w/index.php?title=Datei:Gates_of_the_Arctic_National_Park.jpg *License*: unknown *Contributors*: Huebi, Ultratomio

Datei:Margerieglacier.jpg *Source*: http://de.wikipedia.org/w/index.php?title=Datei:Margerieglacier.jpg *License*: unknown *Contributors*: Steve Kellam

Datei:Alaska Katmai Novarupta-Dom.jpg *Source*: http://de.wikipedia.org/w/index.php?title=Datei:Alaska_Katmai_Novarupta-Dom.jpg *License*: unknown *Contributors*: Original uploader was Tsui at de.wikipedia

Datei:Kenai Fjords National Park.jpg *Source*: http://de.wikipedia.org/w/index.php?title=Datei:Kenai_Fjords_National_Park.jpg *License*: unknown *Contributors*: Gildemax, Lupo, MONGO

Datei:Agie River.jpg *Source*: http://de.wikipedia.org/w/index.php?title=Datei:Agie_River.jpg *License*: unknown *Contributors*: Lupo, MONGO, 1 anonymous edits

Datei:Lake Clark National Park.jpg *Source*: http://de.wikipedia.org/w/index.php?title=Datei:Lake_Clark_National_Park.jpg *License*: unknown *Contributors*: Lupo, MONGO, 1 anonymous edits

Datei:Mt Saint Elias.jpg *Source*: http://de.wikipedia.org/w/index.php?title=Datei:Mt_Saint_Elias.jpg *License*: unknown *Contributors*: Mr. David Sinson, NOAA, Office of Coast Survey

Datei:National Wildlife Refuges of Alaska 2.png *Source*: http://de.wikipedia.org/w/index.php?title=Datei:National_Wildlife_Refuges_of_Alaska_2.png *License*: unknown *Contributors*: U.S. Fish and Wildlife Service

Datei:Trans alaska international.jpg *Source*: http://de.wikipedia.org/w/index.php?title=Datei:Trans_alaska_international.jpg *License*: unknown *Contributors*: User:Flominator

Datei:Plane, Denali National Park.jpg *Source*: http://de.wikipedia.org/w/index.php?title=Datei:Plane,_Denali_National_Park.jpg *License*: unknown *Contributors*: Nic McPhee from Morris, MN, USA

Bild:Map of USA with state names.svg *Source*: http://de.wikipedia.org/w/index.php?title=Datei:Map_of_USA_with_state_names.svg *License*: unknown *Contributors*: User:Andrew c

Datei:US_states_by_date_of_statehood.gif *Source*: http://de.wikipedia.org/w/index.php?title=Datei:US_states_by_date_of_statehood.gif *License*: unknown *Contributors*: Roke, 5 anonymous edits

Datei:Flag of the United States.svg *Source*: http://de.wikipedia.org/w/index.php?title=Datei:Flag_of_the_United_States.svg *License*: unknown *Contributors*: User:Dbenbenn, User:Indolences, User:Jacobolus, User:Technion, User:Zscout370

Datei:US-GreatSeal-Obverse.svg *Source*: http://de.wikipedia.org/w/index.php?title=Datei:US-GreatSeal-Obverse.svg *License*: unknown *Contributors*: U.S. Government

Datei:United States on the globe (North America centered).svg *Source*: http://de.wikipedia.org/w/index.php?title=Datei:United_States_on_the_globe_(North_America_centered).svg *License*: unknown *Contributors*: TUBS

Datei:Karte der USA.png *Source*: http://de.wikipedia.org/w/index.php?title=Datei:Karte_der_USA.png *License*: unknown *Contributors*: . Original uploader was Ben gb at de.wikipedia

Datei:USATopographicalMap.jpg *Source*: http://de.wikipedia.org/w/index.php?title=Datei:USATopographicalMap.jpg *License*: unknown *Contributors*: U.S. Dept. of Commerce/National Climactic Data Center/NOAA Satellite and Information Service

Datei:Climatemapusa2.PNG *Source*: http://de.wikipedia.org/w/index.php?title=Datei:Climatemapusa2.PNG *License*: unknown *Contributors*: Original uploader was Strongbad1982 at en.wikipedia Later version(s) were uploaded by Faz90, Quizimodo at en.wikipedia.

Datei:Bevölkerungsdichte USA.svg *Source*: http://de.wikipedia.org/w/index.php?title=Datei:Bevölkerungsdichte_USA.svg *License*: unknown *Contributors*: Benutzer:Marcel Krüger

Datei:US_ancestry2000_de.png *Source*: http://de.wikipedia.org/w/index.php?title=Datei:US_ancestry2000_de.png *License*: unknown *Contributors*: User:Furfur

Datei:USA states english official language.svg *Source*: http://de.wikipedia.org/w/index.php?title=Datei:USA_states_english_official_language.svg *License*: unknown *Contributors*: User:Lokal_Profil

Datei:Lowmhhimap.png *Source*: http://de.wikipedia.org/w/index.php?title=Datei:Lowmhhimap.png *License*: unknown *Contributors*: Jmabel, Kmusser

Datei:Handelmitindianern.jpg *Source*: http://de.wikipedia.org/w/index.php?title=Datei:Handelmitindianern.jpg *License*: unknown *Contributors*: Jacques le Moyne de Morgues

Datei:Grand Union Flag.svg *Source*: http://de.wikipedia.org/w/index.php?title=Datei:Grand_Union_Flag.svg *License*: unknown *Contributors*: User:Hoshie, User:Yaddah

Datei:G.Washington_Quater_Dollar_1941_Front&Back.jpg *Source*: http://de.wikipedia.org/w/index.php?title=Datei:G.Washington_Quater_Dollar_1941_Front&Back.jpg *License*: unknown *Contributors*: User:Richard Huber

Datei:AtlantaNegroSalesLOC.jpg *Source*: http://de.wikipedia.org/w/index.php?title=Datei:AtlantaNegroSalesLOC.jpg *License*: unknown *Contributors*: Picture taken by w:George N. BarnardGeorge N. Barnard, an American Civil War, Army photographer.

Datei:10kMiles.JPG *Source*: http://de.wikipedia.org/w/index.php?title=Datei:10kMiles.JPG *License*: unknown *Contributors*: Artist's signature not legible; attributed to "Philadelphia Press"

Datei:C-54landingattempIehof.jpg *Source*: http://de.wikipedia.org/w/index.php?title=Datei:C-54landingattemplehof.jpg *License*: unknown *Contributors*: USAF

Datei:Joseph McCarthy.jpg *Source*: http://de.wikipedia.org/w/index.php?title=Datei:Joseph_McCarthy.jpg *License*: unknown *Contributors*: United Press

Datei:My Tho, Vietnam. A Viet Cong base camp being. In the foreground is Private First Class Raymond Rumpa, St Paul, Minnesota - NARA - 530621 edit.jpg *Source*: http://de.wikipedia.org/w/index.php?title=Datei:My_Tho,_Vietnam._A_Viet_Cong_base_camp_being._In_the_foreground_is_Private_First_Class_Raymond_Rumpa,_St_Paul,_Minnesota_-_NARA_-_53062 *License*: unknown *Contributors*: Deror avi, Jebulon, Peter Weis, Thierry Caro

Datei:Lyndon Johnson signing Civil Rights Act, July 2, 1964.jpg *Source*: http://de.wikipedia.org/w/index.php?title=Datei:Lyndon_Johnson_signing_Civil_Rights_Act,_July_2,_1964.jpg *License*: unknown *Contributors*: Cecil Stoughton, White House Press Office (WHPO)

Datei:Official Portrait of President Reagan 1981.jpg *Source*: http://de.wikipedia.org/w/index.php?title=Datei:Official_Portrait_of_President_Reagan_1981.jpg *License*: unknown *Contributors*: Admrboltz, Amikeco, Color, Happyme22, Kintetsubuffalo, MartinHagberg, R-41, Slarre, Takabeg, Tchoř, Tom, 1 anonymous edits

Datei:Bill Clinton.jpg *Source*: http://de.wikipedia.org/w/index.php?title=Datei:Bill_Clinton.jpg *License*: unknown *Contributors*: Bob McNeely, The White House UNIQ-ref-0-56aaa9ad6b010244-QINU

Datei:National Park Service 9-11 Statue of Liberty and WTC fire.jpg *Source*: http://de.wikipedia.org/w/index.php?title=Datei:National_Park_Service_9-11_Statue_of_Liberty_and_WTC_fire.jpg *License*: unknown *Contributors*: National Park Service

Datei:Official portrait of Barack Obama.jpg *Source*: http://de.wikipedia.org/w/index.php?title=Datei:Official_portrait_of_Barack_Obama.jpg *License*: unknown *Contributors*: Pete Souza, The Obama-Biden Transition Project

Datei:US states by date of statehood.gif *Source*: http://de.wikipedia.org/w/index.php?title=Datei:US_states_by_date_of_statehood.gif *License*: unknown *Contributors*: Roke, 5 anonymous edits

Datei:Map of USA with county outlines.png *Source*: http://de.wikipedia.org/w/index.php?title=Datei:Map_of_USA_with_county_outlines.png *License*: unknown *Contributors*: EurekaLott, Huhsunqu, Jesin, Kmusser, Mdd4696, Mentifisto, Noddy, Qllach, Reywas92, Roke, Speight, Stannered, 2 anonymous edits

Datei:Weltweite militärische Präsenz der Vereinigten Staaten.png *Source*: http://de.wikipedia.org/w/index.php?title=Datei:Weltweite_militärische_Präsenz_der_Vereinigten_Staaten.png *License*: unknown *Contributors*: User:Lencer

Datei:M1-A1 Abrams 1.jpg *Source*: http://de.wikipedia.org/w/index.php?title=Datei:M1-A1_Abrams_1.jpg *License*: unknown *Contributors*: D-Kuru, Denniss, Ed g2s, FieldMarine, PMG, Tm

Datei:Rüstungsausgaben.png *Source*: http://de.wikipedia.org/w/index.php?title=Datei:Rüstungsausgaben.png *License*: unknown *Contributors*: Diba, Kam Solusar, Sentry, 3 anonymous edits

Datei:Einkommen USA.svg *Source*: http://de.wikipedia.org/w/index.php?title=Datei:Einkommen_USA.svg *License*: unknown *Contributors*: Frank Murmann

Datei:Crampton Camden and Amboy RR.jpg *Source*: http://de.wikipedia.org/w/index.php?title=Datei:Crampton_Camden_and_Amboy_RR.jpg *License*: unknown *Contributors*: Andy Dingley, Duncharris, Infrogmation, John Vandenberg, Kneiphof, Morven, Thryduulf, Zwergelstern

Datei:Amtrak HHP-8 653 leads Train 93 into Trenton.jpg *Source*: http://de.wikipedia.org/w/index.php?title=Datei:Amtrak_HHP-8_653_leads_Train_93_into_Trenton.jpg *License*: unknown *Contributors*: User:AEMoreira042281

Datei:Chinatown-IV.JPG *Source*: http://de.wikipedia.org/w/index.php?title=Datei:Chinatown-IV.JPG *License*: unknown *Contributors*: Martin Dürrschnabel

Datei:Dizzy Gillespie potrait.jpg *Source*: http://de.wikipedia.org/w/index.php?title=Datei:Dizzy_Gillespie_potrait.jpg *License*: unknown *Contributors*: JCIV

Datei:Generall Historie of Virginia.jpg *Source*: http://de.wikipedia.org/w/index.php?title=Datei:Generall_Historie_of_Virginia.jpg *License*: unknown *Contributors*: John Smith

Datei:2006 Pro Bowl tackle.jpg *Source*: http://de.wikipedia.org/w/index.php?title=Datei:2006_Pro_Bowl_tackle.jpg *License*: unknown *Contributors*: BrokenSphere, Deadstar, Ibn Battuta, Thivierr

Datei:Kuskokwimrivermap.png *Source*: http://de.wikipedia.org/w/index.php?title=Datei:Kuskokwimrivermap.png *License*: unknown *Contributors*: User:Kmusser

Datei:Aniakshore.jpg *Source*: http://de.wikipedia.org/w/index.php?title=Datei:Aniakshore.jpg *License*: unknown *Contributors*: Original uploader was Feyer at en.wikipedia

Bild:Map of Alaska highlighting Bethel Census Area.svg *Source*: http://de.wikipedia.org/w/index.php?title=Datei:Map_of_Alaska_highlighting_Bethel_Census_Area.svg *License*: unknown *Contributors*: User:Dbenbenn

Datei:Fall Tundra Yukon Delta NWR.jpg *Source*: http://de.wikipedia.org/w/index.php?title=Datei:Fall_Tundra_Yukon_Delta_NWR.jpg *License*: unknown *Contributors*: U.S. Fish and Wildlife Service

Datei:Map of the Yukon Delta National Wildlife Refuge.png *Source*: http://de.wikipedia.org/w/index.php?title=Datei:Map_of_the_Yukon_Delta_National_Wildlife_Refuge.png *License*: unknown *Contributors*: U.S. Fish and Wildlife Service

Datei:Yukon Delta NWR 3.jpg *Source*: http://de.wikipedia.org/w/index.php?title=Datei:Yukon_Delta_NWR_3.jpg *License*: unknown *Contributors*: U.S. Fish and Wildlife Service

Datei:Yukon-Kuskokwim-Delta.png *Source*: http://de.wikipedia.org/w/index.php?title=Datei:Yukon-Kuskokwim-Delta.png *License*: unknown *Contributors*: User:Aconcagua

Bild:Edward S. Curtis Collection People 008.jpg *Source*: http://de.wikipedia.org/w/index.php?title=Datei:Edward_S._Curtis_Collection_People_008.jpg *License*: unknown *Contributors*: Aurevilly, Chun-hian, DieBuche, Finavon, Hailey C. Shannon, Kuerschner, Kürschner, Lupo, Makthorpe, Red devil 666, Snowmanradio, 3 anonymous edits

Datei:Nauru missionary 1916-17.jpg *Source*: http://de.wikipedia.org/w/index.php?title=Datei:Nauru_missionary_1916-17.jpg *License*: unknown *Contributors*: TJ McMahon (1864-1933)

Datei:Missionary-jansson.jpg *Source*: http://de.wikipedia.org/w/index.php?title=Datei:Missionary-jansson.jpg *License*: unknown *Contributors*: Albertomos, Crusoe8181, Narking

Datei:Gilmour walking Mongolia.jpg *Source*: http://de.wikipedia.org/w/index.php?title=Datei:Gilmour_walking_Mongolia.jpg *License*: unknown *Contributors*: Original uploader was Brian0324 at en.wikipedia

Datei:Aron von Kangeq- Missionar.jpg *Source*: http://de.wikipedia.org/w/index.php?title=Datei:Aron_von_Kangeq-_Missionar.jpg *License*: unknown *Contributors*: Aron of Kangeq (1822-1869)

GNU Free Documentation License Version 1.2, November 2002 Copyright (C) 2000,2001,2002 Free Software Foundation, Inc. 59 Temple Place, Suite 330, Boston, MA 02111-1307 USA Everyone is permitted to copy and distribute verbatim copies of this license document, but changing it is not allowed.

0. PREAMBLE

The purpose of this License is to make a manual, textbook, or other functional and useful document "free" in the sense of freedom: to assure everyone the effective freedom to copy and redistribute it, with or without modifying it, either commercially or noncommercially. Secondarily, this License preserves for the author and publisher a way to get credit for their work, while not being considered responsible for modifications made by others. This License is a kind of "copyleft", which means that derivative works of the document must themselves be free in the same sense. It complements the GNU General Public License, which is a copyleft license designed for free software. We have designed this License in order to use it for manuals for free software, because free software needs free documentation: a free program should come with manuals providing the same freedoms that the software does. But this License is not limited to software manuals; it can be used for any textual work, regardless of subject matter or whether it is published as a printed book. We recommend this License principally for works whose purpose is instruction or reference.

1. APPLICABILITY AND DEFINITIONS

This License applies to any manual or other work, in any medium, that contains a notice placed by the copyright holder saying it can be distributed under the terms of this License. Such a notice grants a world-wide, royalty-free license, unlimited in duration, to use that work under the conditions stated herein. The "Document", below, refers to any such manual or work. Any member of the public is a licensee, and is addressed as "you". You accept the license if you copy, modify or distribute the work in a way requiring permission under copyright law. A "Modified Version" of the Document means any work containing the Document or a portion of it, either copied verbatim, or with modifications and/or translated into another language. A "Secondary Section" is a named appendix or a front-matter section of the Document that deals exclusively with the relationship of the publishers or authors of the Document to the Document's overall subject (or to related matters) and contains nothing that could fall directly within that overall subject. (Thus, if the Document is in part a textbook of mathematics, a Secondary Section may not explain any mathematics.) The relationship could be a matter of historical connection with the subject or with related matters, or of legal, commercial, philosophical, ethical or political position regarding them. The "Invariant Sections" are certain Secondary Sections whose titles are designated, as being those of Invariant Sections, in the notice that says that the Document is released under this License. If a section does not fit the above definition of Secondary then it is not allowed to be designated as Invariant. The Document may contain zero Invariant Sections. If the Document does not identify any Invariant Sections then there are none. The "Cover Texts" are certain short passages of text that are listed, as Front-Cover Texts or Back-Cover Texts, in the notice that says that the Document is released under this License. A Front-Cover Text may be at most 5 words, and a Back-Cover Text may be at most 25 words. A "Transparent" copy of the Document means a machine-readable copy, represented in a format whose specification is available to the general public, that is suitable for revising the document straightforwardly with generic text editors or (for images composed of pixels) generic paint programs or (for drawings) some widely available drawing editor, and that is suitable for input to text formatters or for automatic translation to a variety of formats suitable for input to text formatters. A copy made in an otherwise Transparent file format whose markup, or absence of markup, has been arranged to thwart or discourage subsequent modification by readers is not Transparent. An image format is not Transparent if used for any substantial amount of text. A copy that is not "Transparent" is called "Opaque". Examples of suitable formats for Transparent copies include plain ASCII without markup, Texinfo input format, LaTeX input format, SGML or XML using a publicly available DTD, and standard-conforming simple HTML, PostScript or PDF designed for human modification. Examples of transparent image formats include PNG, XCF and JPG. Opaque formats include proprietary formats that can be read and edited only by proprietary word processors, SGML or XML for which the DTD and/or processing tools are not generally available, and the machine-generated HTML, PostScript or PDF produced by some word processors for output purposes only. The "Title Page" means, for a printed book, the title page itself, plus such following pages as are needed to hold, legibly, the material this License requires to appear in the title page. For works in formats which do not have any title page as such, "Title Page" means the text near the most prominent appearance of the work's title, preceding the beginning of the body of the text. A section "Entitled XYZ" means a named subunit of the Document whose title either is precisely XYZ or contains XYZ in parentheses following text that translates XYZ in another language. (Here XYZ stands for a specific section name mentioned below, such as "Acknowledgements", "Dedications", "Endorsements", or "History".) To "Preserve the Title" of such a section when you modify the Document means that it remains a section "Entitled XYZ" according to this definition. The Document may include Warranty Disclaimers next to the notice which states that this License applies to the Document. These Warranty Disclaimers are considered to be included by reference in this License, but only as regards disclaiming warranties: any other implication that these Warranty Disclaimers may have is void and has no effect on the meaning of this License.

2. VERBATIM COPYING

You may copy and distribute the Document in any medium, either commercially or noncommercially, provided that this License, the copyright notices, and the license notice saying this License applies to the Document are reproduced in all copies, and that you add no other conditions whatsoever to those of this License. You may not use technical measures to obstruct or control the reading or further copying of the copies you make or distribute. However, you may accept compensation in exchange for copies. If you distribute a large enough number of copies you must also follow the conditions in section 3. You may also lend copies, under the same conditions stated above, and you may publicly display copies.

3. COPYING IN QUANTITY

If you publish printed copies (or copies in media that commonly have printed covers) of the Document, numbering more than 100, and the Document's license notice requires Cover Texts, you must enclose the copies in covers that carry, clearly and legibly, all these Cover Texts: Front-Cover Texts on the front cover, and Back-Cover Texts on the back cover. Both covers must also clearly and legibly identify you as the publisher of these copies. The front cover must present the full title with all words of the title equally prominent and visible. You may add other material on the covers in addition. Copying with changes limited to the covers, as long as they preserve the title of the Document and satisfy these conditions, can be treated as verbatim copying in other respects. If the required texts for either cover are too voluminous to fit legibly, you should put the first ones listed (as many as fit reasonably) on the actual cover, and continue the rest onto adjacent pages. If you publish or distribute Opaque copies of the Document numbering more than 100, you must either include a machine-readable Transparent copy along with each Opaque copy, or state in or with each Opaque copy a computer-network location from which the general network-using public has access to download using public-standard network protocols a complete Transparent copy of the Document, free of added material. If you use the latter option, you must take reasonably prudent steps, when you begin distribution of Opaque copies in quantity, to ensure that this Transparent copy will remain thus accessible at the stated location until at least one year after the last time you distribute an Opaque copy (directly or through your agents or retailers) of that edition to the public. It is requested, but not required, that you contact the authors of the Document well before redistributing any large number of copies, to give them a chance to provide you with an updated version of the Document.

4. MODIFICATIONS

You may copy and distribute a Modified Version of the Document under the conditions of sections 2 and 3 above, provided that you release the Modified Version under precisely this License, with the Modified Version filling the role of the Document, thus licensing distribution and modification of the Modified Version to whoever possesses a copy of it. In addition, you must do these things in the Modified Version: A. Use in the Title Page (and on the covers, if any) a title distinct from that of the Document, and from those of previous versions (which should, if there were any, be listed in the History section of the Document). You may use the same title as a previous version if the original publisher of that version gives permission. B. List on the Title Page, as authors, one or more persons or entities responsible for authorship of the modifications in the Modified Version, together with at least five of the principal authors of the Document (all of its principal authors, if it has fewer than five), unless they release you from this requirement. C. State on the Title page the name of the publisher of the Modified Version, as the publisher. D. Preserve all the copyright notices of the Document. E. Add an appropriate copyright notice for your modifications adjacent to the other copyright notices. F. Include, immediately after the copyright notices, a license notice giving the public permission to use the Modified Version under the terms of this License, in the form shown in the Addendum below. G. Preserve in that license notice the full lists of Invariant Sections and required Cover Texts given in the Document's license notice. H. Include an unaltered copy of this License. I. Preserve the section Entitled "History", Preserve its Title, and add to it an item stating at least the title, year, new authors, and publisher of the Modified Version as given on the Title Page. If there is no section Entitled "History" in the Document, create one stating the title, year, authors, and publisher of the Document as given on its Title Page, then add an item describing the Modified Version as stated in the previous sentence. J. Preserve the network location, if any, given in the Document for public access to a Transparent copy of the Document, and likewise the network locations given in the Document for previous versions it was based on. These may be placed in the "History" section. You may omit a network location for a work that was published at least four years before the Document itself, or if the original publisher of the version it refers to gives permission. K. For any section Entitled "Acknowledgements" or "Dedications", Preserve the Title of the section, and preserve in the section all the substance and tone of each of the contributor acknowledgements and/or dedications given therein. L. Preserve all the Invariant Sections of the Document, unaltered in their text and in their titles. Section numbers or the equivalent are not considered part of the section titles. M. Delete any section Entitled "Endorsements". Such a section may not be included in the Modified Version. N. Do not retitle any existing section to be Entitled "Endorsements" or to conflict in title with any Invariant Section. O. Preserve any Warranty Disclaimers. If the Modified Version includes new front-matter sections or appendices that qualify as Secondary Sections and contain no material copied from the Document, you may at your option designate some or all of these sections as invariant. To do this, add their titles to the list of Invariant Sections in the Modified Version's license notice. These titles must be distinct from any other section titles. You may add a section Entitled "Endorsements", provided it contains nothing but endorsements of your Modified Version by various parties--for example, statements of peer review or that the text has been approved by an organization as the authoritative definition of a standard. You may add a passage of up to five words as a Front-Cover Text, and a passage of up to 25 words as a Back-Cover Text, to the end of the list of Cover Texts in the Modified Version. Only one passage of Front-Cover Text and one of Back-Cover Text may be added by (or through arrangements made by) any one entity. If the Document already includes a cover text for the same cover, previously added by you or by arrangement made by the same entity you are acting on behalf of, you may not add another; but you may replace the old one, on explicit permission from the previous publisher that added the old one. The author(s) and publisher(s) of the Document do not by this License give permission to use their names for publicity for or to assert or imply endorsement of any Modified Version.

5. COMBINING DOCUMENTS

You may combine the Document with other documents released under this License, under the terms defined in section 4 above for modified versions, provided that you include in the combination all of the Invariant Sections of all of the original documents, unmodified, and list them all as Invariant Sections of your combined work in its license notice, and that you preserve all their Warranty Disclaimers. The combined work need only contain one copy of this License, and multiple identical Invariant Sections may be replaced with a single copy. If there are multiple Invariant Sections with the same name but different contents, make the title of each such section unique by adding at the end of it, in parentheses, the name of the original author or publisher of that section if known, or else a unique number. Make the same adjustment to the section titles in the list of Invariant Sections in the license notice of the combined work. In the combination, you must combine any sections Entitled "History" in the various original documents, forming one section Entitled "History"; likewise combine any sections Entitled "Acknowledgements", and any sections Entitled "Dedications". You must delete all sections Entitled "Endorsements".

6. COLLECTIONS OF DOCUMENTS

You may make a collection consisting of the Document and other documents released under this License, and replace the individual copies of this License in the various documents with a single copy that is included in the collection, provided that you follow the rules of this License for verbatim copying of each of the documents in all other respects. You may extract a single document from such a collection, and distribute it individually under this License, provided you insert a copy of this License into the extracted document, and follow this License in all other respects regarding verbatim copying of that document.

7. AGGREGATION WITH INDEPENDENT WORKS

A compilation of the Document or its derivatives with other separate and independent documents or works, in or on a volume of a storage or distribution medium, is called an "aggregate" if the copyright resulting from the compilation is not used to limit the legal rights of the compilation's users beyond what the individual works permit. When the Document is included in an aggregate, this License does not apply to the other works in the aggregate which are not themselves derivative works of the Document. If the Cover Text requirement of section 3 is applicable to these copies of the Document, then if the Document is less than one half of the entire aggregate, the Document's Cover Texts may be placed on covers that bracket the Document within the aggregate, or the electronic equivalent of covers if the Document is in electronic form. Otherwise they must appear on printed covers that bracket the whole aggregate.

8. TRANSLATION

Translation is considered a kind of modification, so you may distribute translations of the Document under the terms of section 4. Replacing Invariant Sections with translations requires special permission from their copyright holders, but you may include translations of some or all Invariant Sections in addition to the original versions of these Invariant Sections. You may include a translation of this License, and all the license notices in the Document, and any Warranty Disclaimers, provided that you also include the original English version of this License and the original versions of those notices and disclaimers. In case of a disagreement between the translation and the original version of this License or a notice or disclaimer, the original version will prevail. If a section in the Document is Entitled "Acknowledgements", "Dedications", or "History", the requirement (section 4) to Preserve its Title (section 1) will typically require changing the actual title.

9. TERMINATION

You may not copy, modify, sublicense, or distribute the Document except as expressly provided for under this License. Any other attempt to copy, modify, sublicense or distribute the Document is void, and will automatically terminate your rights under this License. However, parties who have received copies, or rights, from you under this License will not have their licenses terminated so long as such parties remain in full compliance.

10. FUTURE REVISIONS OF THIS LICENSE

The Free Software Foundation may publish new, revised versions of the GNU Free Documentation License from time to time. Such new versions will be similar in spirit to the present version, but may differ in detail to address new problems or concerns. See http://www.gnu.org/copyleft/. Each version of the License is given a distinguishing version number. If the Document specifies that a particular numbered version of this License "or any later version" applies to it, you have the option of following the terms and conditions either of that specified version or of any later version that has been published (not as a draft) by the Free Software Foundation. If the Document does not specify a version number of this License, you may choose any version ever published (not as a draft) by the Free Software Foundation. ADDENDUM: How to use this License for your documents To use this License in a document you have written, include a copy of the License in the document and put the following copyright and license notices just after the title page: Copyright (c) YEAR YOUR NAME. Permission is granted to copy, distribute and/or modify this document under the terms of the GNU Free Documentation License, Version 1.2 or any later version published by the Free Software Foundation; with no Invariant Sections, no Front-Cover Texts, and no Back-Cover Texts. A copy of the license is included in the section entitled "GNU Free Documentation License". If you have Invariant Sections, Front-Cover Texts and Back-Cover Texts, replace the "with...Texts." line with this: with the Invariant Sections being LIST THEIR TITLES, with the Front-Cover Texts being LIST, and with the Back-Cover Texts being LIST. If you have Invariant Sections without Cover Texts, or some other combination of the three, merge those two alternatives to suit the situation. If your document contains nontrivial examples of program code, we recommend releasing these examples in parallel under your choice of free software license, such as the GNU General Public License, to permit their use in free software.

Printed by Books on Demand GmbH, Norderstedt / Germany